TURING

玩转AIGC绘画 探索创作边界

Midjourney AIGC设计实训教程

王朝霞 马骋协 康柏林 著

人民邮电出版社
北京

图书在版编目（CIP）数据

Midjourney：AIGC设计实训教程 / 王朝霞，马骋协，康柏林著. -- 北京：人民邮电出版社，2024.1
ISBN 978-7-115-63164-0

Ⅰ. ①M… Ⅱ. ①王… ②马… ③康… Ⅲ. ①人工智能—程序设计—教材 Ⅳ. ①TP18

中国国家版本馆CIP数据核字(2023)第224014号

◆ 著　　　王朝霞　马骋协　康柏林
责任编辑　赵　轩
责任印制　胡　南

◆ 人民邮电出版社出版发行　　北京市丰台区成寿寺路 11 号
邮编　100164　　电子邮件　315@ptpress.com.cn
网址　https://www.ptpress.com.cn
北京盛通印刷股份有限公司印刷

◆ 开本：720×960　1/16
印张：9.5　　　　　　2024 年 1 月第 1 版
字数：172 千字　　　　2024 年 1 月第 1 次印刷

定价：59.80 元

读者服务热线：(010)84084456-6009　印装质量热线：(010)81055316
反盗版热线：(010)81055315
广告经营许可证：京东市监广登字 20170147 号

前　言

在当前的数字时代，生成式人工智能（AIGC）正以前所未有的速度改变着我们的生活。其中，使用人工智能技术辅助或替代传统手绘的 AI 绘画的发展，给艺术创作和商业设计领域带来了革命性的变化。

相比传统绘画，AI 绘画具备自动化、智能化和高效化等优势，可大幅缩短绘图时长，同时提高作品精度和增强作品真实感。AI 绘画的应用非常广泛，从一个图标、一张插图，到商品包装、产品原型，甚至游戏角色和服装，它提供给我们更多的创意思路以及具体的设计方案。

本书将带你深入探索这些令人兴奋的领域，揭示 AI 绘画的无限潜力，并为你提供实用的使用指导，以便你能在具体工作流程中充分利用这个得力工具。对于艺术家来说，AI 绘画可以作为一种灵感来源，探索新的创作风格和表现形式。对于设计师和数字媒体从业者来说，AI 绘画可以加快创作过程，提供具体的设计建议，并生成独特的视觉效果。

目前，Midjourney 凭借其易用性与强大的功能，成为商业设计领域中最具潜力的 AI 绘画辅助工具之一。如果你愿意花时间深入研究和理解 Midjourney，它可以帮助你创作出令人叹为观止的优秀作品。

本书是一份全面且易于理解的使用指南，能够帮助大家了解 Midjourney 绘画的流程、方法、技巧和应用。你可以从基本的提示词公式入手，掌握基本的文字描述逻辑，之后针对不同的设计内容的特点进行提示词的微调与填充。本书也提供了详细的实践案例，让你能够从零开始创作自己的 AI 艺术作品，或者在具体工作中高效完成设计需求与设计优化。无论你是艺术家、设计师、学生还是对 AI 技术感兴趣的普通读者，本书都将为你提供宝贵的知识和灵感。

最后，我们希望通过本书激发你对 AI 绘画的兴趣，并为你提供一种新的创作方式和思维方式。请准备好开始这段令人兴奋的艺术之旅吧！让我们一起探索 AI 作图的无限可能性，创造属于自己的独特艺术世界。祝愿你在阅读本书的过程中获得知识、灵感和成长！

当然，如果你对本书有任何意见、建议或者任何想探讨的 AI 绘画的问题，可发送邮件至 1517706933@qq.com，非常欢迎与我们联系，让我们共同学习和成长。

目　录

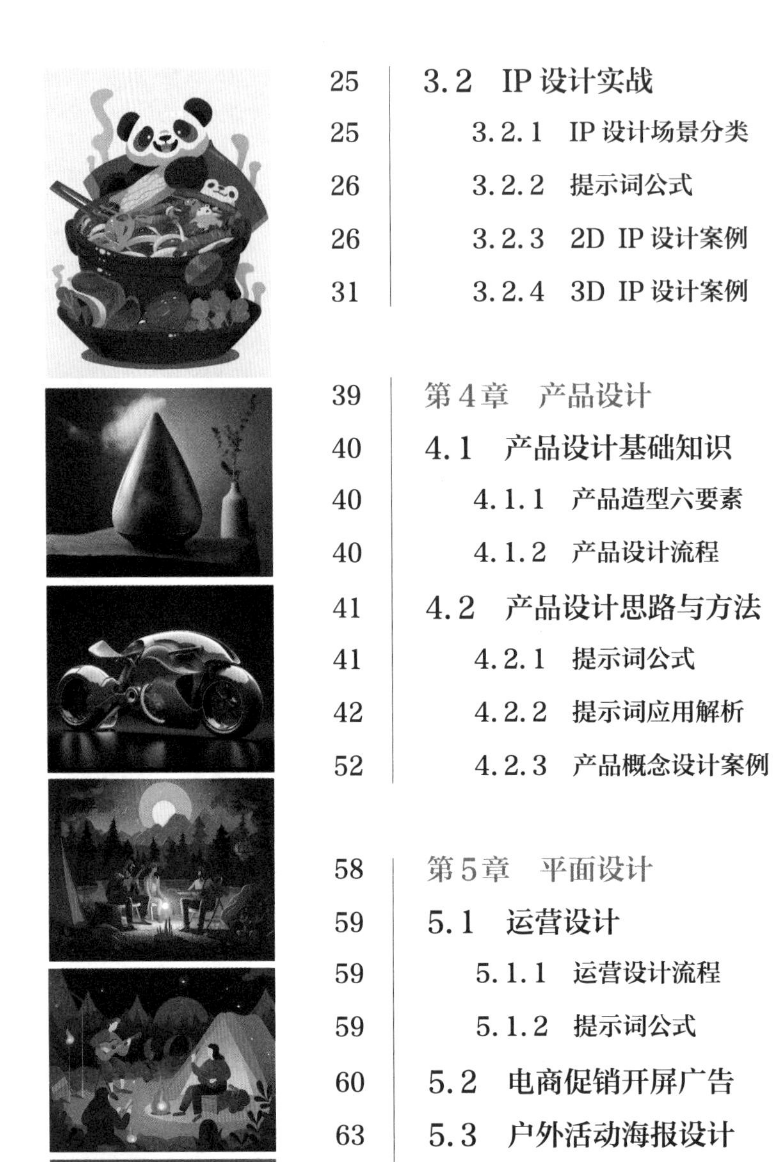

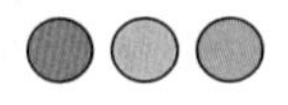

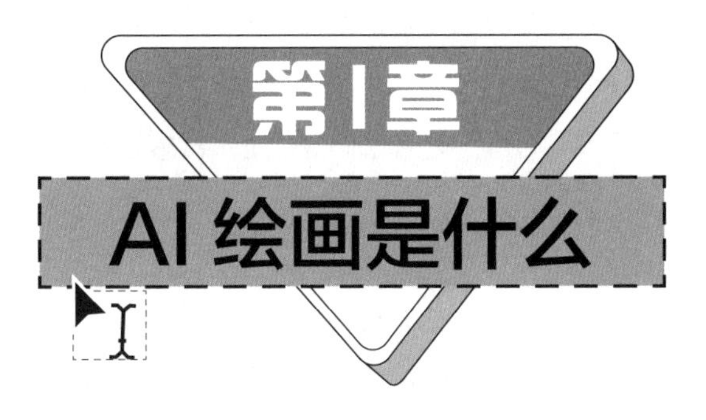

第1章 AI绘画是什么

AI（人工智能）绘画是利用人工智能技术进行艺术或设计创作的过程。相比传统绘画，AI 绘画更加自动化、智能化、批量化，它融合了科技与艺术，大幅缩短了创作时长，同时提高了作品精度和真实感。在商业领域，AI 绘画技术目前被广泛应用于品牌设计、广告制作、产品设计和游戏制作等领域。对于艺术家来说，AI 绘画可以作为一种创作工具和灵感的来源，帮助他们探索新的创作风格和表现形式。对于设计师和数字媒体从业者来说，AI 绘画可以加快创作过程、提供设计建议，并生成独特的视觉效果，而设计门槛的降低也为非专业人士提供了更多使用的可能性。

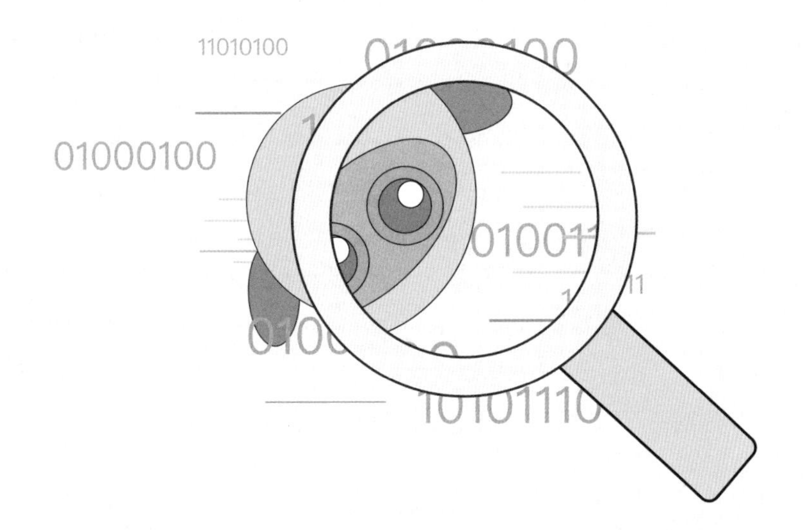

1.1 AI绘画从萌芽到应用

在过去的几十年里，从最初只能生成简单的图案到如今能够生成各种美术风格和逼真的艺术作品，AI绘画技术已经取得了长足的进步。随着计算机性能的提升和算法的不断改进，AI绘画工具变得越来越强大，可以为艺术家们提供更多灵感和创作可能性。

◆ 早期探索阶段

在计算机科学的早期阶段，当时计算机科学家们开始探索如何利用计算机来生成艺术作品。他们使用基于数学和几何形状的简单算法和图形生成技术来创造艺术作品。这些作品通常以抽象形式呈现，侧重于几何和图形设计。

20世纪70年代，英国艺术家Harold Cohen创造了一个可以自主创作艺术作品的AARON计算机程序。AARON通过控制一个机械臂来作画，创作色彩艳丽的抽象派风格画作，这个早期的“人工智能”绘画程序无需人工输入指令，就能凭程序本身的“学习能力”绘制出抽象的闭合图形、静物甚至人像。

◆ 进阶发展阶段

随着计算机技术的进步，AI绘画进入了一个新的阶段。研究人员开始尝试利用深度学习模型来训练计算机系统自动作图。

2012年，谷歌公司的吴恩达和Jeff Dean进行了一次前所未有的实验，他们联手使用1.6万个CPU训练了当时世界上规模最大的深度学习网络，以指导计算机生成猫脸图片。他们使用了来自YouTube的1000万张猫脸图片，经过整整3天的训练，最终得到了一个令人振奋的模型，可以生成一个逼真的猫脸。虽然图像很模糊，也没有商用机会，但对于当时的AI研究领域，这次尝试具有重要的突破意义。在这之后，AI科学家们开始积极投入这一新的具有挑战性的领域。

2014年，Ian Goodfellow首次提出了著名的对抗生成网络（Generative Adversarial Network，GAN）。正如其名“对抗生成”，这一深度学习模型的核心逻辑是通过让两个内部程序“生成器”（generator）和“判别器”（discriminator）相互对抗后实现平衡，并最终得到结果。GAN模型一经问世就开始在计算机视觉领域得到广泛应用，迅速成为许多AI绘画模型的基础框架，其中生成器用于生成图片，而判别器则用于评估图片质量。GAN也是如今计算机视觉热点研究领域之一，极大地推动了 AI 绘画技术的发展。

2017 年，谷歌公司用数千张手绘简笔画图片训练了一个模型，通过训练 AI 能够绘制一些简笔画。谷歌将相关代码开源，第三方开发者均可基于此模型进行 AI 简笔画应用的开发。同年 7 月，谷歌又做了一项有名的研究，Facebook 联合罗格斯大学和查尔斯顿学院艺术史系合作得到的新模型，号称创造性对抗网络（Creative Adversarial Networks，CAN）。CAN 模型生成的作品展现出的创造力让当时的研究人员都感到震惊，因为这些作品看起来和当时流行的抽象艺术作品非常相似。当然，CAN 这种 AI 绘画技术仅限于一些抽象表达，就艺术性而言，还远远不及人类艺术大师水平。

◆ 飞速发展阶段

2021 年 1 月，OpenAI 团队发布了备受关注的 DALL-E 系统，使得人工智能开始具备了按照文字输入提示进行创作的重要能力。OpenAI 团队于 2021 年 1 月开源了最新的深度学习模型 CLIP（Contrastive Language-Image Pre-Training）。CLIP 训练 AI 同时具备两个能力，即自然语言理解和计算机视觉分析。它被设计成一个功能强大的通用工具，可以对图像进行分类，同时也可以判断图像与文字提示之间的对应程度，例如将猫的图像与“猫”这个词完全匹配起来。

2022 年 2 月，Somnai 等几个开源社区的工程师推出了一款基于扩散模型的 AI 绘图生成器——Disco Diffusion，可通过用户输入的文本描述来生成不同主题和风格的高质量图片，它支持多种分辨率和模型选择，还支持多种采样模式和参数调整等功能。自此，AI 绘画进入了快速发展的轨道。与传统的 AI 模型相比，Disco Diffusion 更加易于使用，研究人员还建立了完善的帮助文档和社群，因此越来越多的人开始关注它。

2022 年 3 月，由 Disco Diffusion 的核心开发人员参与建设的 AI 生成器 Midjourney 正式推出。Midjourney 选择在 Discord 平台上运行，无需繁琐的操作，也无需进行复杂的参数调节，用户只需在聊天窗口输入文字即可生成图像。更重要的是，Midjourney 生成的图片效果非常惊艳，随着后期版本的快速迭代，图片生成的准确率和精准度都大幅提升。由于进入与操作门槛相对较低，Midjourney 一经推出，便在设计领域掀起巨大波澜。Discord 社区内所有人都可以看到刚被生成的图像，并可一键复刻制作，社区与模型都受益于每次的图像生成，形成飞轮效应。

2022 年 4 月，OpenAI 的 DALL-E 2 发布，尽管与先前拥有 120 亿个参数的 DALL-E 模型不同，DALL-E 2 只具有大约 35 亿个参数，但是 DALL-E 2 生成图像的分辨率是 DALL-E

的4倍。同时，DALL-E 2在真实感和字幕匹配方面似乎也更出色。

2022年7月，Stable Diffusion的AI生成器开始内测，它支持文生图、图生图、局部重绘等功能，媲美DALL-E 2的出图质量，而生成效率却提升近30倍。一个月后，Stable Diffusion正式开源，这意味着任何人无需授权即可在源代码上修改、升级或者开发自己的版本，也可以将其与各种设计工具结合，由此开启了全民二创时代。

2022年10月，Novel-AI正式推出，以角色生成为动力，依靠高创作力和传播力的二次元群体和同人玩家，Novel-AI迅速本地化和社群化。

1.2 谁需要掌握AI绘画

AI绘画在创意艺术领域扮演着重要的角色。设计师和艺术家可以借助AI提供的创作灵感，生成独特的设计作品，探索全新的艺术风格，创造新颖的艺术形式，以及与传统艺术进行对话和融合。具体到实际工作，AI绘画在以下领域已经开始发挥前所未有的助推作用。

◆ 数字媒体和娱乐

AI绘画在数字媒体和娱乐产业中有广泛的应用。在制作电影、电视和游戏的过程中，AI绘画可以用来生成逼真的角色、场景和特效等，提高了视觉效果的质量。它可以用于虚拟现实（VR）和增强现实（AR）应用，创造令人沉浸的体验。

◆ 设计和创意产业

在设计和创意产业中，AI绘画可以为设计师和创意从业者提供辅助，帮助他们生成多样化的设计方案和创意构思。AI绘画可以应用于产品设计、建筑设计、室内设计等领域。此外，通过风格迁移技术，AI绘画可以将不同的艺术风格应用于设计作品，帮助设计师实现创新和个性化的设计。

◆ 教育和学术研究

AI绘画在教育领域有着广泛的应用。它可以用于艺术教育和创造力培养，帮助学生学习绘画技巧，理解艺术风格，并激发他们的创作潜力。AI绘画可以用于辅助教学，帮助教师制作教学素材或展示图表，帮助学生更好地理解和记忆知识点，提高教学效果。在学术研究方面，AI 绘画可以用于数据可视化和图像分析，帮助研究人员更好地展示研究成果、分析数据，并进行科学探索。

◆ 数字营销和广告

利用 AI 绘画可以生成吸引人的广告图像、品牌标识、宣传海报等，帮助企业提升品牌形象和推广效果。AI 绘画还可以根据用户的偏好和行为数据，生成个性化的广告内容，提高广告的针对性和吸引力。

除了以上提到的领域，随着 AI 技术的不断进步和发展，AI 绘画的应用前景将继续拓展，为各行各业带来更多创新和可能性。因此，每一个从事艺术设计工作的人，都有必要掌握这款面向未来的 AI 工具。

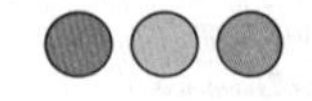

第2章 Midjourney 基础认知

Midjourney 是一款灵活且强大的文生图 AI 设计工具，能够辅助设计师和创意人员完成各种设计任务，从小图标，到运营插图，从包装设计，到角色创作，在设计的各个领域都可以看到 Midjourney 的身影。目前，Midjourney 服务器的用户已经超过 1480 万，成为 Discord 迄今为止最大的服务器。从推出时展示的充满赛博朋克风格的图像，到如今充满活力的、各种风格的艺术与设计作品，该工具的迭代已可辅助设计师实现相当一部分商业设计需求。

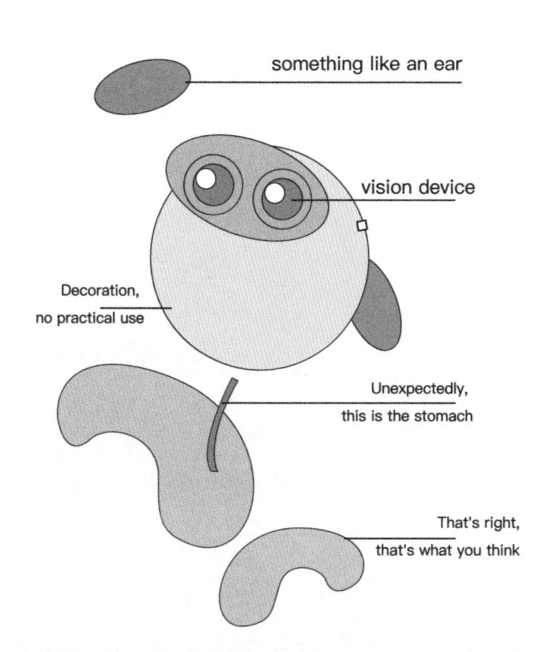

2.1 注册 Discord 账户与设置

2.1.1 注册 Discord

在加入 Midjourney Discord 服务器之前，必须拥有经过**验证**的 Discord 账户。进入 Midjourney 官网，选择 Join the Beta 加入 Discord（图 2-1）。

图 2-1

使用“**注册**”功能创建一个新的账号，输入用户名后，进行人机验证（图 2-2）。

按照提示步骤输入出生日期（需要大于 14 岁）、邮箱信息并进行邮箱验证。

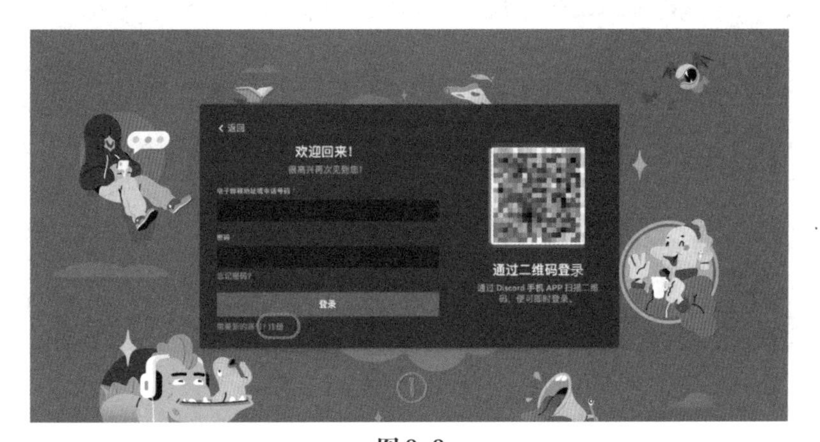

图 2-2

您已被邀请加入
Midjourney
980,862 人在线
17,661,638 位成员
用户名
Rosy
继续
②

等一下！您是人类吗？
请确认您不是机器人。
我是人类
hCaptcha
③

欢迎来到 DISCORD！
您能来可真是太好了！开始之前，请输入您的出生日期。
为什么我需要提供出生日期？
出生日期
年
月
日
下一步
④

图 2-2（续）

Hey Rosy,

Thanks for registering for an account on Discord! Before we get started, we just need to confirm that this is you. Click below to verify your email address:

⑦

图 2-2（续）

图 2-2（续）

此时已经进入 Discord 界面（图 2-3）。

图 2-3

左侧栏依次为“私信”“自己已添加的服务器”“公共服务器”“添加服务器”标识（图 2-4）。

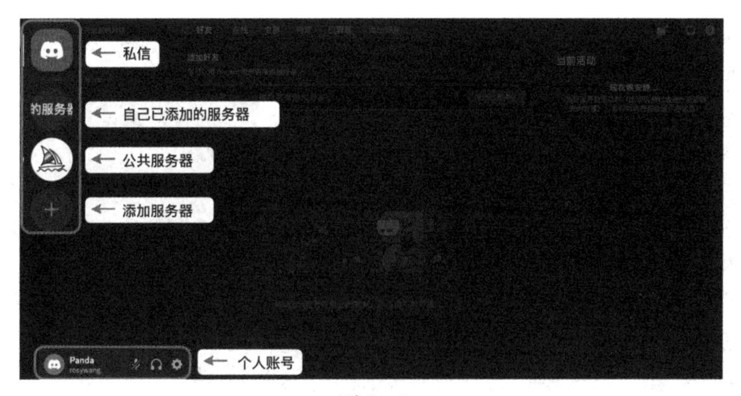

图 2-4

2.1.2 新建服务器

新建服务器的操作步骤如下所示（图 2-5）。

图 2-5

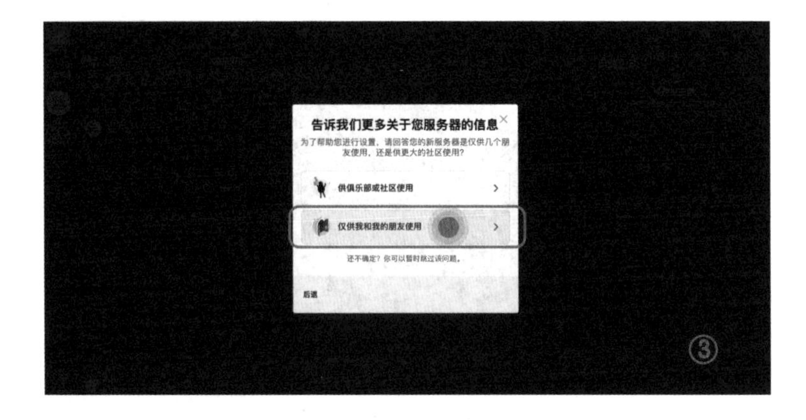
告诉我们更多关于您服务器的信息
为了帮助您进行设置，请回答您的新服务器是仅供几个朋友使用，还是供更大的社区使用?
供俱乐部或社区使用
仅供我和我的朋友使用
还不确定？你可以暂时跳过该问题。
后退
③

自定义您的服务器
一个名称以及一个图标就能赋予您的服务器个性。之后，您可以随时进行变更。
UPLOAD
服务器名称
Panda的服务器
后退
创建
④

Panda的服务器
常规
欢迎来到
Panda的服务器
邀请您的好友
用图标个性化您的服务器
发送第一条消息
下载 Discord APP
添加您的首个 APP

图 2-5（续）

2.1.3 接入绘图机器人

创建服务器成功后，需要把 Midjourney 的机器人添加到服务器（图 2-6）。

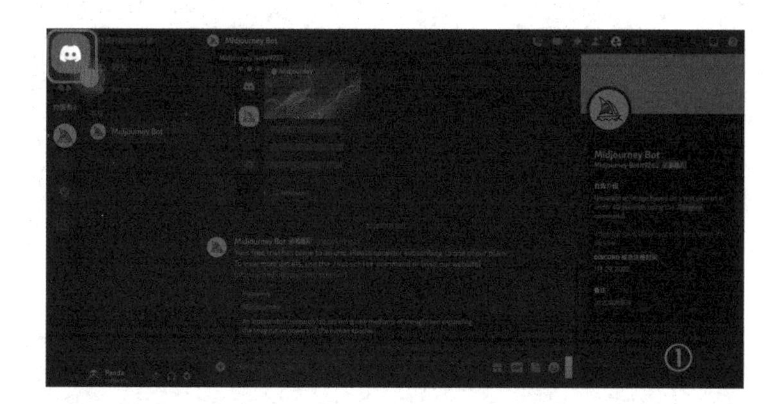

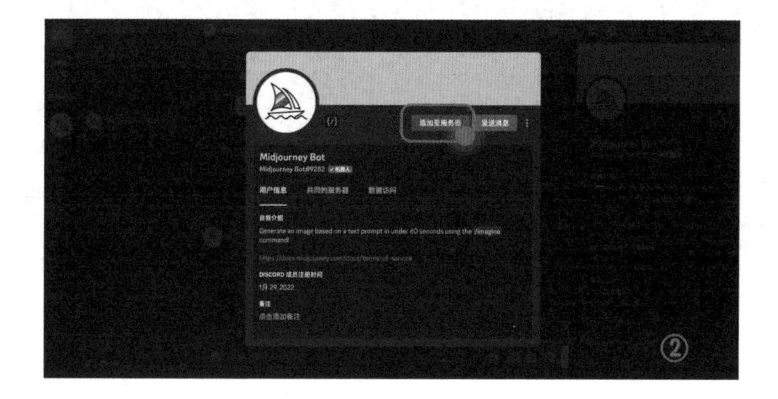

图 2-6

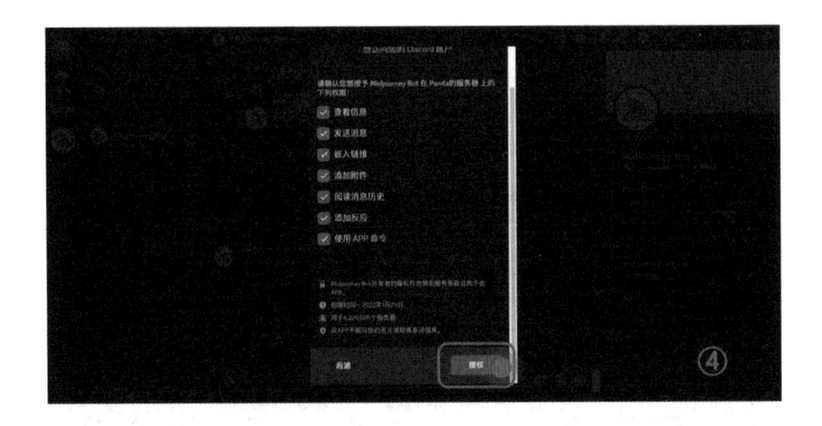

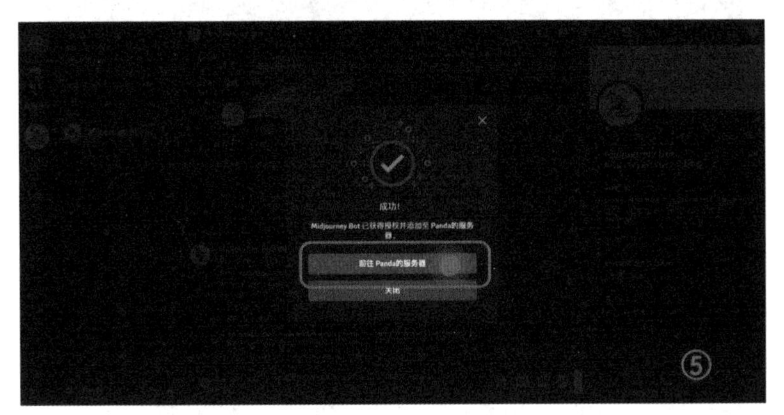

图 2-6（续）

2.2 Midjourney 界面功能分区与常用指令

以下即为我们自己的服务器界面（图 2-7）。此时在底部对话框输入“/”，可以看到一系列 Midjourney 操作命令（图 2-8）。

输入 /setting 命令，可以打开设置功能，支持选择不同版本、模式、风格化程度、变化程度等基础内容，详细解释如图 2-9 所示。

参数

渲染

建模软件

MAXON Cinema 4D

3ds Max

Maya

Blender

Rhino

SketchUp

渲染器

Octane Render

Arnold

V-Ray

Redshift

Cycles

LuxCoreRender

Mental Ray

Corona Renderer

Maxwell Render

Lumion

渲染设置

虚幻引擎 unreal engine

全局光照 global illumination

环境遮蔽 ambient occlusion

焦散效果 caustics

景深 depth of field

运动模糊 motion blur

光线追踪 ray tracing

反射 reflection

折射 refraction

阴影 shadows

皮下散射 subsurface scattering

位移 displacement

透明度 transparency

自发光材质 emissive materials

凹凸贴图 bump mapping

法线贴图 normal mapping

相机

徕卡 Leica

佳能 Canon

尼康 Nikon

索尼 Sony

富士 Fujifilm

松下 Panasonic

奥林巴斯 Olympus

理光 Ricoh

宾得 Pentax

卡西欧 Casio

宝丽来 Polaroid

海鸥 Seagull

适马 Sigma

哈苏 Hasselblad

康泰时 Contax

玛米亚 Mamiya

柯达 Kodak

爱普生 Epson

品质

高细节 high detailed

高质量 high quality

高分辨率 high resolution

超高清画质 HD

解析度 FHD,1080P,2k,4k,8k

超逼真 ultra photoreal

超真实 ultra realistic

超写实的 hyper realistic

摄影图片 photography

3D渲染 3D rendering

照相写实主义 photorealistic

电影感 cinematic

壁纸 wall paper

商业摄影 commercial photography

后缀

--v 5.2 使用版本

--ar 16:9 图片长宽比

--q+数值 图片质量

--iw+数值 参考图片的权重

数值越高权重越大（默认0.25，最高5）

--chaos(--c）+数值 图片风格随机性

数值越高随机性越强（0~100）

--s+数值 风格强度

--no+物体 避免出现某个物体

--seed+编号 使用相同的种子编号和提示将产生相似的结束图像

--fast 快速出图模式

--test 提示词生成艺术图片

--testp 提示词生成摄影图片

--uplight 光滑结构且放大

--upbeta 增加细节并放到最大

--stop+数值 在流程中途完成出图

较小百分比会使画面更模糊、更粗略（0~100）

:: 提示词加权重

--tile 生成重复拼贴的图像

Midjourney
提示词合集
Prompts Collection

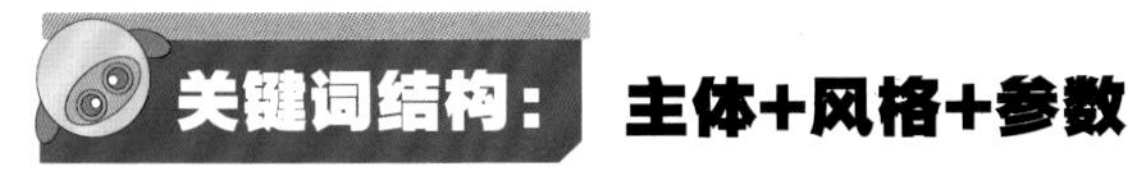

关键词结构：主体+风格+参数

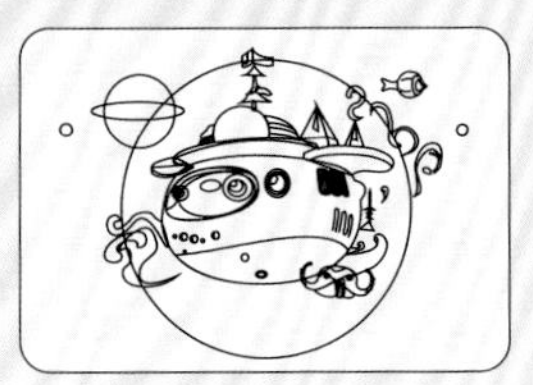

主体（线稿）

设计类型/主体描述

风格（上色）

色彩/材质/光线

参数（输出）

渲染/相机/品质/比例/质量等

主体

构图

三分法构图 rule of Thirds composition
黄金比例构图 golden ratio composition
对称构图 symmetry composition
非对称构图 asymmetry composition
主导线条构图 leading lines composition
景深构图 depth of field composition
对比构图 contrast composition
饱和构图 saturation composition
视角构图 point of view composition
对角线构图 diagonal composition
重复构图 repetition composition
平衡构图 balance composition
强调构图 emphasis composition
统一构图 unity composition
焦点构图 focal point composition
径向构图 radial composition
拼贴构图 collage composition
负空间构图 negative space composition
奇数法则构图 rule of odds composition
重叠构图 overlapping composition
孤立构图 isolated composition
裁剪构图 crop composition
隔离构图 isolation composition
并列构图 juxtaposition composition
运动感构图 movement composition
中心构图 central composition
S形构图 s-shaped composition
横向构图 horizontal composition

视角/镜头

视角

正视图 front view
侧视图 side view
后视图 back view
仰视图 bottom view
俯视图 top view
高角度 high angle
低角度 low angle
全景视角 panoramic view
过肩视角 over-the-shoulder view
无人机视角 drone angle
卫星视图 satelite view

镜头

中景 medium shot
远景 long shot
特写 close-up
肖像 Portrait
头部以上 big close-up
胸部以上 chest shot
膝盖以上 knee shot
半身 bust portrait
全身 full body portrait
群景 scenery shot
长焦 telephoto
广角 wide angle
背景虚化 foreground
超广角镜头 ultra wide angle lens
全镜头 full shot
远射 long shot
运动模糊 motion blur
鱼眼镜头 fisheye lens

材质

材质球

塑料 plastic
玻璃 glass
水晶 crystal
石头 stone
金属 metal
黄金 gold
青铜 bronze
乳胶 emulsion
尼龙 nylon
珠光 pearl
哑光 matte
木头 wood
缎面 satin
碳纤维 carbon fiber
皮革 leather
人造皮革 artificial leather
织物 the fabric
亚麻布 linen
陶瓷 ceramics
瓷器 porcelain
青瓷 celadon
珐琅 enamel

材质特征

光滑的 smooth
清晰的 clear
细腻的 delicate
平整的 flat
精密的 precise
柔和的 soft
有机的 organic
纤细的 slender
线条优美的 slender lines
曲线优美的 graceful curves
粗糙的 rough
不规则的 irregular
锋利的 sharp
多棱角的 angular
充满动感的 dynamic
哑光质感 matte texture
珠光质感 pearl texture
沙质 sandy
水波纹质感 water ripple texture
纹理质感 texture
绸缎质感 silk texture
毛绒质感 plush texture
皮毛质感 fur texture
做旧质感 antique texture
玻璃质感 glass texture
石墨质感 graphite texture
皮革质感 leather texture
金属般的质感和刚性感 metallic texture and rigidity
金属的银色光泽 metallic silvery luster
磨砂黑的塑料外壳 dark frosted black plastic casings
磨砂黑的反光图层 reflective coatings in frosted black
通透玻璃的透明质感 transparent texture of translucent glass
高科技材料的透明度 transparency of high-tech materials

光线

情绪灯光 mood lighting
舞台灯光 dramatic lighting
自然光 natural lighting
电影灯光 cinematic lighting
全局照明 global illumination
工作室照明 studio lighting
背光 backlight
体积光 volumetric lighting
边缘灯 rim light
氛围感照明 atmospheric lighting
霓虹灯 neon light
霓虹灯冷光 neon cold lighting
冷光 cold light
暖光 warm light
荧光灯 fluorescent light
微光 rays of shimmering light
晨光 morning light
黄昏射线 crepuscular rays
喜剧灯光 comedy light
伦勃朗灯光 Rembrandt lighting
投影 projection effect
柔和的照明 soft lighting
浪漫烛光 romantic candlelight

风格

风格类型

中国山水画 traditional Chinese ink painting
水墨插图 ink illustration
中国毛笔 Chinese ink brush
剪纸 decoupage
折纸 origami
衍纸 paper quilling
浮世绘 ukiyoe
日本漫画风格 Japanese manga style
日本海报风格 Japanese poster style
日本复古海报 Japanese vintage poster
儿童插画 children's illustration
拼贴画 collage
粘土动画 claymation
粉笔画 chalk drawing
炭笔画 charcoal drawing
蜡笔画 crayon drawing
钢笔画 pen drawing
铅笔画 pencil drawing
厚涂 impasto
漫画 comics
像素绘图 pixel drawing
定格动画 stop-motion animation
由毛毡制成 made of felt
特写肖像 close-up portrait
彩色素描笔记风格 color sketch note style
像素风 pixel art
涂鸦 doodle
迪士尼风格 Disney style
抽象艺术 abstract art
概念艺术 conceptual art
20世纪90年代电视游戏机 1990s video game
ASCII 艺术 ASCII art
数字拼贴 digital collage
全息术 holography
乐高风格 LEGO style
雕刻 carving
激光雕刻 laser engraving
铜板雕刻 copperplate engraving
彩色平版印刷术 Chromolithography
有机建筑 organic architecture
中国传统建筑 traditional Chinese architecture
韩国传统建筑 traditional Korean architecture
日本传统建筑 traditional Japanese architecture
乡土建筑 vernacular architecture
航空摄影 aerial photography
建筑摄影 architectural photography
天文摄影 astrophotography

风格描述

扁平风格 flat design
复古风格 retro design
矢量风格 vector style
卡通风格 cartoon design
极简风格 minimalism
手绘风格 hand-drawn design
拟物风格 skeuomorphic design
新拟物风格 new skeuomorphism
玻璃拟物风格 glassmorphism
商务风格 business design
科技感 technology feel
未来风 futurism design
现代风格 modern design
传统风格 traditional design
2.5D风格 2.5D design
3D风格 3D design
像素科技风 pixel tech design
黑暗科技风 dark tech design
女性化风格 feminine design
专业感 professional
真实的 realistic
复杂的 sophisiticated
电影般的 cinematic
亲和感 warmth
儿童化 childlike design
奢华风 luxury design
宫崎骏风格Hayao Miyazaki style
吉卜力风格 Ghibli style
洛丽塔风格 lolita style
皮克斯风格 Pixar style
动漫风格 anime style
卡通迷你风格 chibi anime style
学园动漫风格 gakuen anime style
剧画动漫风格 gekiga anime style
写实动漫风格 realistic anime style
机甲动漫风格 mecha anime style
少年动漫风格 shonen anime style
前卫时尚 avant-garde fashion
嘻哈时尚 hip-hop fashion

嬉皮时尚 Hippie fashion
韩国流行时尚 K-pop fashion
等轴设计 isometric design
半透明设计 translucent design
圆角设计 rounded corner design

艺术时期或派别

巴洛克风格 baroque style
洛可可风格 rococo style
浪漫主义 romanticism
新古典主义风格 neoclassical style
工艺美术风格 arts and crafts style
新艺术风格 art nouveau style
装饰艺术风格 art deco style
建构主义 constructivism
解构主义 deconstructivism
包豪斯风格 bauhaus style
现代主义风格 modernist style
波普艺术风格 Pop art style
意大利现代主义风格 Italian modernist style
未来主义风格 futuristic style
泛未来主义 panfuturism
野兽派 Fauvism
魔幻现实主义 magic realism
后现代主义风格 postmodernist style
孟菲斯风格 memphis design
可持续设计风格 sustainable design style
生态设计风格 eco design style
有机风格 organic style
超现代主义 hypermodernism
北欧设计风格 scandinavian design style
技术感风格 technical style
折中主义设计风格 eclectic design style
古典复古风格 classic retro style
复古未来主义 retrofuturism

*朋克类型

蒸汽朋克 steampunk
时钟朋克 clockpunk
柴油朋克 dieselpunk
煤朋克 coalpunk
原子朋克 atompunk
岛朋克 islandpunk
洋流朋克 oceanpunk
洛可可朋克 rococopunk
石朋克 stonepunk
射线朋克 raypunk
太阳朋克 solarpunk
月球朋克 lunarpunk
霓虹朋克 neonpunk
生物朋克 biopunk
纳米朋克 nanopunk
天文朋克 astropunk
西部朋克 westernpunk

色彩

色相

浅粉 aby pink
胭脂红 carmine
品红 magenta
金色 gold color
橘色 orange
米色 beige
棕色 brown
琥珀色 amber
浅蓝 light blue
靛蓝 indigo
薄荷绿 mint green
薰衣草色 lavender color

色调

黑白色系 grayscale color
金银色调 gold and silver tone
钛金属色系 titanium
奢华金色系 luxurious gold
红黑色调 red and black tone
霓虹色调 neon shade tone
自然绿色系 natural green
马卡龙色系 macarons
亮丽橙色系 bright orange
日暮色系 sunset gradient
酒红色系 burgundy
枫叶红色系 maple red
雪山蓝色系 mountain blue
象牙白色系 Ivory white
丹宁紫色系 denim purple
丹宁蓝色系 denim blue
柠檬黄色系 lemon yellow
时尚灰色系 fashion gray
荧光色系 fiuorescent color
莫兰迪色系 muted tones
镭射糖纸色 laser candy paper color

色彩特征

渐变色 gradient color
深色 dark color
浅色 light color
高对比 high contrast
高饱和 high saturation
鲜艳的颜色 vivid color
醒目的颜色 vibrant color
明亮的颜色 bright color
怀旧的颜色 nostalgic color
低纯度色调 low purity tone
高纯度色调 high purity tone

Panda的服务器
常规
欢迎来到
Panda的服务器
发送第一条消息
Midjourney Bot

图 2-7

/settings
/ask
/blend
/describe
/fast
/help
在对话框输入"/"命令

图 2-8

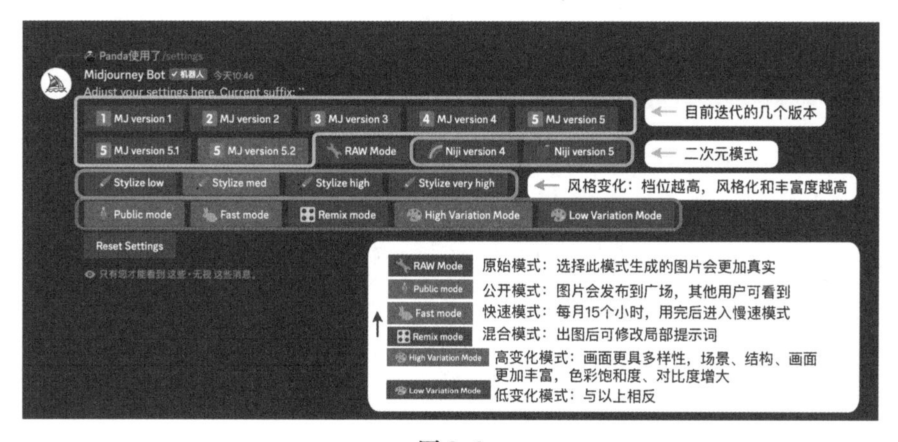
Panda使用了/settings
Midjourney Bot 机器人 今天10:46
Adjust your settings here. Current suffix: ``
1 MJ version 1
2 MJ version 2
3 MJ version 3
4 MJ version 4
5 MJ version 5
5 MJ version 5.1
5 MJ version 5.2
RAW Mode
Niji version 4
Niji version 5
Stylize low
Stylize med
Stylize high
Stylize very high
Public mode
Fast mode
Remix mode
High Variation Mode
Low Variation Mode
Reset Settings
目前迭代的几个版本
二次元模式
风格变化：档位越高，风格化和丰富度越高
RAW Mode 原始模式：选择此模式生成的图片会更加真实
Public mode 公开模式：图片会发布到广场，其他用户可看到
Fast mode 快速模式：每月15个小时，用完后进入慢速模式
Remix mode 混合模式：出图后可修改局部提示词
High Variation Mode 高变化模式：画面更具多样性，场景、结构、画面更加丰富，色彩饱和度、对比度增大
Low Variation Mode 低变化模式：与以上相反

图 2-9

2.3 图像生成方法

Midjourney 有两种生成图的基本方式："以文生图"和"以图生图"。顾名思义，"以文生图"是通过输入提示词来生成想要的图片；"以图生图"即 blend 命令，通过上传 2 至 4 张参考图片来混合生成新图。

2.3.1 以文生图

1. 流程介绍

在对话框中输入"/"找到 /imagine 就可以输入 prompt，即提示词(图 2-10)。

图 2-10

2. 提示词概念及通用公式

提示词一般用英文来描述。可以以英文逗号为间隔进行提示词的分隔，你也可以输入一段描述性的话，当然，对于不同的应用场景、不同用途和不同类型的图片生成需求，对图片的描述习惯通常会有所差异，因此在一个固定模板公式的基础上进行提示词展开，是一个相对高效的方法。

提示词的格式通常为"画面主体 + 画面风格 + 参数设定"（图 2-11），你可以根据具体出图类型进行调整，在接下来的每一章中也会分别给出针对不同设计需求的细微变形公式。

图 2-11

3. 图片细化命令

以出一张微缩景观图为例，在输入以下提示词后，会生成 4 张图片（图 2-12）。

提示词： vegetable garden, fresh broccoli, many tiny people, highly saturated colors, miniature landscape, miniature clay world, surrealism, natural light, aerial view, bright field of view, 8K, large aperture, --ar 3:4

图 2-12

◆ “U”和“V”

你可以从中选择比较满意的图片，单击图片对应的“U”（放大）和“V”（变化）按钮（图 2-13），在原图基础上进行二次出图，以得到更加细化或图片元素、构图变换的图片，扩大选择范围。

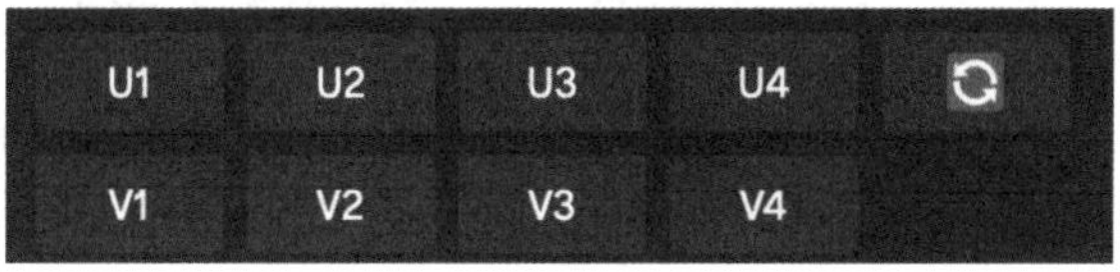

U1 U2 U3 U4
V1 V2 V3 V4

图 2-13

单击第一张图片，图片下方会出现如图2-14所示的几个按钮。v5.2版本中几个按钮的含义如下。

图2-14

◆ Vary（Strong/Subtle）

进行强烈/平稳的变化。可以看出“Vary（Subtle）”对应的图片，整体构图没有发生很大变化，只是细化了阶梯，黄色果子变为了黄色小汽车。而“Vary（Strong）对应的图片的整体构图和元素都进行了重新绘制（图2-15）。

Vary（Subtle）对应小幅度变化

Vary（Strong）对应大幅度变化

图2-15

◆ Zoom Out 1.5x/Zoom Out 2x

将镜头拉远，并在侧面补充细节，将图像补全。单击“Zoom Out”会出现 4 张图片，其作用为在基本不改变原图元素的前提下，将镜头向后移，使画面呈现更多内容。随着镜头拉远，连桥对面的画面也展现出来。如果希望继续缩放镜头，只需循环“V”与“Zoom Out”的操作（图 2-16）。

原图

Zoom Out 1.5X

Zoom Out 2X

图 2-16

◆ Custom Zoom

支持扩展画面的同时改写提示词。

单击此按钮，弹出文本框，可以按照要求的比例，进行扩展和填充，也可以完全重新定义扩充部分。想让当前图片作为一幅装饰画挂在餐厅的墙上，就可以单击“Custom Zoom”，在弹出的文本框中删掉之前的提示词，并重新编辑：this painting is hung on the wall of the dining room --s 250 --v 5.2 --ar 3:4（这幅画被挂在餐厅墙壁上）。

◆ Make Square

在两侧添加细节，将非正方形图像变成正方形。“Make Square”在保持原图高度不变的前提下，改变宽度，补充绘制图片两侧的内容，使其为正方形。可以看到图片两侧远处背景出现嫩绿色的树冠，以及悬崖的场景（图 2-17）。

图 2-17

2.3.2 以图生图

1. 流程介绍

以图生图有两种方式，一是垫图，二是混合模式。垫图通过放置图片链接和对应的文字描述来生成图片；而混合模式即“/blend”，是通过放入 2 到 4 张图片，融合几张图片的元素和风格等，生成想要的图片（图 2-18）。

图 2-18

2. 垫图

将图片拖进服务器或者单击加号上传文件，然后单击图片，在浏览器中打开大图，接着复制网址，粘贴到提示词输入栏中，最后通过添加提示词描述生成图片。对生成的图片可以继续单击“U”和“V”进行放大和变化，最后选择自己满意的图片进行保存（图 2-19）。

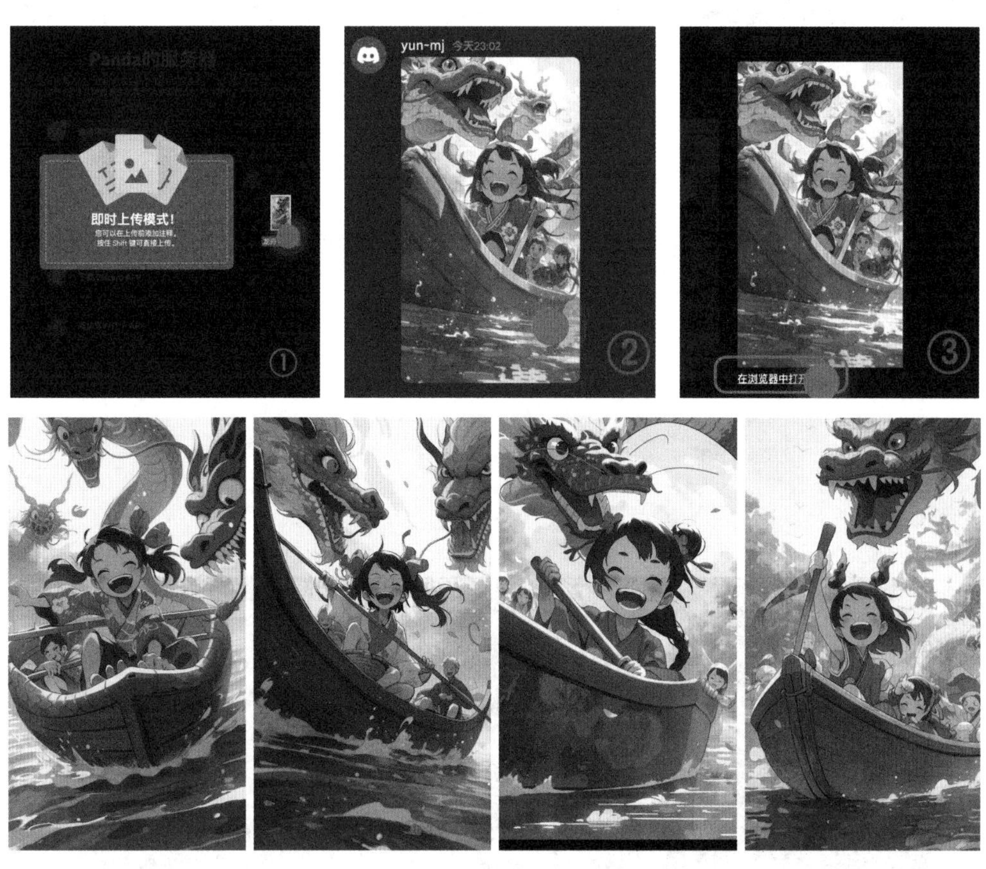

图 2-19

3. /blend 混合模式

在对话框中输入“/blend”，将图片拖到图片上传处，最多可混合 4 张图片，上传后按回车键，即开始进行混合生成，最终图片会将主角与背景进行融合。在此需注意，角色的妆发等细节并不会与原始图片保持完全一致，会发生一定的变化，我们需要根据需要自行调整（图 2-20）。

图 2-20

2.3.3 查看生成记录

在官网页面单击“Sign in”按钮登录后，在页面中的“Home”栏里，可以看到自己过往的图片生成记录（图 2-21）。

图 2-21

第3章 IP 形象设计

IP 形象设计是在深入了解企业或品牌的定位、目标市场和竞争对手等信息的基础上，通过创意和设计，为企业或品牌打造独特的形象和特色。其目的是为了呈现企业或品牌在市场上所表现出的个性特征，以便让消费者对品牌形成积极的评价与认知。

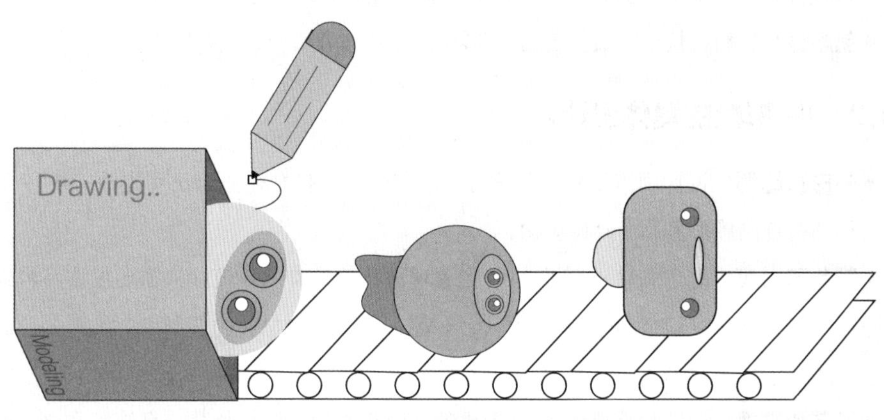

PREVIEW

3.1 IP形象设计基础知识

对于没有接触过IP形象设计的同学，本章介绍的基础知识，可以帮助你避免在设计大方向上走弯路。而熟悉IP形象的设计师，可以直接阅读后面的实战案例部分。

3.1.1 IP形象设计要素

IP形象设计是一种将品牌、企业、产品通过形象化的方式呈现出来的设计。IP形象可以是动物、人物、物品等，设计师需要根据企业或品牌的定位和特色进行设计。其设计要素包括以下几个方面。

- **视觉特征：** 外观设计是最直观的要素，要能够引起人们的视觉兴趣和关注，令人过目不忘就更成功了。
- **品牌特征：** 通常要体现独特性和品牌文化，区别于竞品。
- **情感表达：** 应该能够引发人们的情感共鸣，使人们对品牌产生好感，增加品牌的亲和力和归属感。
- **传播力：** 要具备传播力，可以通过不同的媒介和渠道，使品牌形象更好地传递给消费者。
- **可塑性：** IP形象需要具备可塑性，即它能够适应不同的场合，而不会产生违和感。
- **创意性：** 打破常规、突破传统的IP形象往往是品牌增长的重要助力。

3.1.2 IP形象的具体设计

- **外形和比例：** 设计师需要根据品牌特点和定位，选择合适的形状和比例，使IP形象更加符合品牌形象和受众的认知。
- **颜色和材质：** 颜色和材质可以为IP形象增添特殊的魅力。设计师需要根据品牌或企业的视觉指南，使IP形象更加生动、有趣。同时，在材质的选择上，也需要照顾到IP形象的实体化需求。
- **细节和纹理：** 设计师需要注重IP形象的细节和纹理，以增加其逼真感和质感，从而更好地表达品牌的形象和特点。
- **姿态和动作：** IP形象的姿态和动作可以传达不同的情感和信息，设计师需要在设计中巧妙地运用这些元素，使形象更具表现力和吸引力。

• **排版和字体：** 设计中的文字元素也非常重要，排版和字体的选择需要与形象相匹配，营造出品牌的独特性。

3.1.3 IP 形象设计的工作流程

IP 形象设计的重点在于两个阶段：前期的定位分析和后期的设计分析阶段，两个环节须紧密结合。

前期的定位分析阶段的主要工作有包括人群分析、目标定位、IP 形象定位、IP 形象特征等。设计分析阶段的核心工作是 IP 形象的造型设计、色彩设计、图案设计等。在定位分析阶段，我们需要了解目标人群的需求和喜好，以及他们的生活方式和价值观，这些信息可以通过市场调研、用户访谈和问卷调查等方式获得。

在设计分析阶段，我们需要根据定位分析的结果，确定 IP 形象的特征，并进行造型、色彩和图案等方面的设计。

在具体的设计部分，可以总结为以下流程：物种选择、性格设定、造型设定、色彩设定、设计差异化。而 Midjourney 在“造型设定”与“色彩设定”中，可以为设计师提供帮助，便于其了解 IP 形象的空间比例关系，更好地塑造 IP 形象（图 3-1）。

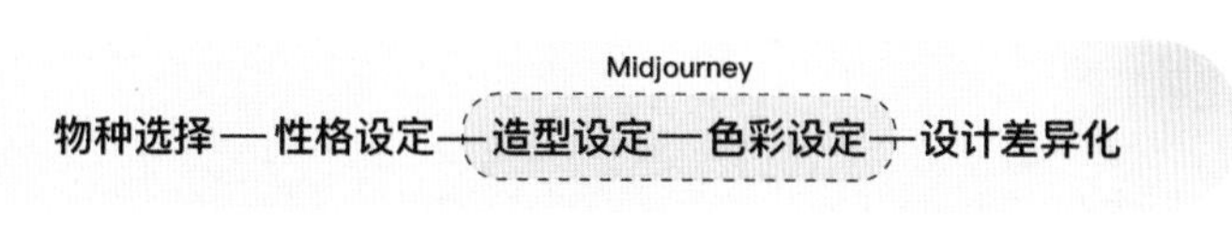

图 3-1

3.2 IP 设计实战

3.2.1 IP 设计场景分类

不同的商业应用场景，对设计师操作 Midjourney 前的准备工作要求也不同，主要分为“有草稿”和“无草稿”两种情况。

1. 有草稿场景

什么是“有草稿”的场景？就是设计需要满足特定品牌风格或者符合某些品牌要求。例如，有些品牌拥有自己的品牌形象和设计要求，设计师需要遵循这些要求进行设计，此时，设计师可能需要先手绘草稿，然后利用 AI 辅助出图，最后使用常规工具对作品进行编辑，以实现符合品牌要求的高质量设计。此外，在某些设计需求较为复杂的场景下，设计师可能需要先手绘草稿来表达创意和设计构思，然后利用 AI 辅助出图的方式进行后续处理和优化。这种场景通常需要设计师在设计过程中积极与 AI 算法互动，不断调整设计方案，以最终生成符合要求的高质量设计。

2. 无草稿场景

“无草稿”的场景指的是暂没有具有 IP 设定的需求场景。例如，在一些较为标准化的场景下，设计师可能只需要按照客户的要求和指示，选择相应的形象、颜色和风格，然后利用 AI 辅助出图的方式快速生成和优化方案，以满足客户的需求和期望。无需进行手工草稿的绘制和编辑，可以大大提高设计效率和速度。此外，对于一些非常规的设计需求，如需要具有特定的动态效果或者交互特性的场景，设计师也可以直接使用 AI 辅助出图的方式进行设计，根据客户需求进行 AI 算法的参数设置和优化，以生成具有特定功能和效果的设计。

3.2.2 提示词公式

我们通过大量案例实践总结了 IP 形象设计的提示词的规律，如图 3-2 所示。

图 3-2

3.2.3 2D IP 设计案例

接下来，我们以深受人们喜爱的大熊猫为原型进行 Midjourney 生成品牌 IP 形象设计的演示。熊猫作为一种可爱、富有亲和力的形象，被广泛应用于各种商业领域。特别是在与中国相关的市场和文化场景中，比如餐饮（川菜、火锅等与四川相关的元素）、公益活动、科普教育、运动会、旅游行业等，常以憨态可掬的大熊猫形象营造地域感和文化感，增加产品亲和力，提高品牌知名度和美誉度，从而吸引消费者的关注和兴趣。

1. Midjourney 出图

此案例中，我们希望以熊猫为原型，采用平面矢量插画的风格，并且画面中同时出现熊猫与火锅。我们首先以熊猫厨师为主要提示词进行出图，并希望生成多个角度的熊猫厨师图片（图 3-3）。

提示词：flat vector illustration, a panda chef, making hot pot, some peppers, detailed people illustration, high detail, resolution, high quality, 8K, --ar 3:4 --niji 5 --style expressive --q 2 --s 250 --v 5

图 3-3

看起来不错，再让我们调整一下提示词看看效果（图 3-4）。

提示词：flat vector illustration, a panda chef, making hot pot, some peppers, detailed people illustration, three views of a cartoon image, generate three views, namely the front view, the side view and the back view, maintaining consistency and unity, high detail, resolution, high quality, 8K, --ar 3:4 --niji 5 --style expressive --q 2 --s 250 --niji 5 --seed 1380176338 --q 2 --s 250 --niji 5

图 3-4

以上出图结果虽然在形象上比较可爱，但作为以辣为特色的火锅，画面视觉冲击力还不够。接下来我们将构图描述转换为一只熊猫在火锅前垂涎欲滴或大快朵颐。结果（图 3-5）中前两个画面的熊猫坐到了火锅里面，显然构图不合理，后三个在画面冲击力上能引起观看者食欲的同时，熊猫的形象也憨态可掬，但构图上有些问题，因此可以在此基础上进行后期编辑（图 3-5）。

提示词： flat vector illustration, a cute panda is holding chopsticks, catching a piece of meat, wearing a straw hat, in front of it is a Sichuan copper hot pot with mushrooms, meat rolls, shrimp, lotus root slices, peppers high detail, resolution, high quality, 8K, --ar 3:4 --niji 5 --style expressive --iw 2 --q 2 --s 250 --v 5

图 3-5

由于 Midjourney 的出图随机性较大，在 IP 形象设计中，如果设计师对 IP 本身有预想的设定，并希望所出图更接近设计预期，目前“垫图”依然是比较高效的方法，当然这里需要注意垫图的版权。

使用垫图可以尽可能地保证原图风格的相似度，但图片元素排列会相对混乱，需根据出图需求进行取舍。

Midjourney 对一些元素，如“草帽”的识别存在问题，需要进行后期绘制。

2. 图片微调

在众多结果中，权衡 IP 形象完整性、画面元素准确性以及预期效果，在此基础上进行局部调整或参考出图进行重新绘制。若进行局部调整，可以采用 Adobe Illustrator 中的“图像描摹”功能对图片进行色块的划分，然后转换为可编辑路径，具体步骤为：“图像描摹”→“高保真度图片”，将图像转换为描摹对象（图 3-6）；单击界面顶部的“扩展”，将描摹对象转换为路径（图 3-7）；右键选中图片后单击“取消编组”（图 3-8），把图片转换为可以编辑的矢量图。

图 3-6

图 3-7

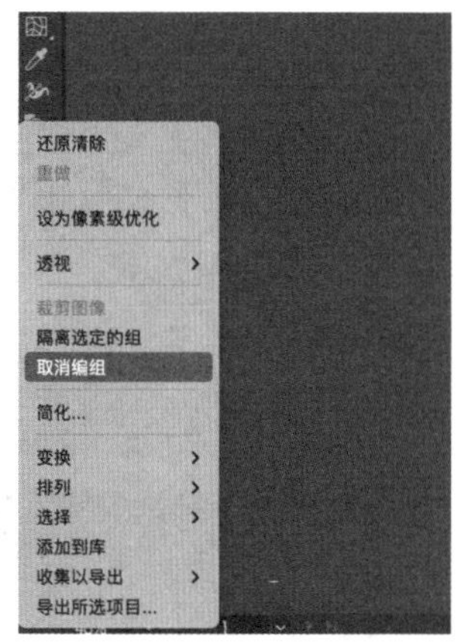

图 3-8

编辑前后的对比如下（图 3-9）。

图 3-9

从以上出图结果中可以发现，火锅里的各种食物辨识度较低，并且摆放比较乱，此处作为演示只进行了微调，并没有进行重新设计，在实际应用过程中需要根据品牌设计需求进行重新绘制。

3. 版式设计

在对图片调整完成后，设计师可以依据设计需求，加入品牌 logo、广告文案等元素，进行品牌视觉设计，并在此基础上进行延展设计，效果如图 3-10 所示。

图 3-10

3.2.4 3D IP 设计案例

设计师在设计一个全新的 3D（立体）IP 形象时，可以根据设计需求，将提示词提供给 Midjourney，生成的效果预览图不仅可以为设计师拓宽设计思路，也有助于在此基础上了解 IP 形象的比例和结构。在生成图与预期符合程度较高时，它也可以为后续建模环节提供结构和色彩的指导。此外，对三视图的预览也有助于客户提前了解 IP 形象的风格和效果，减少交付沟通成本。

1. 单一视角出图

在撰写 3D 人物的提示词时，需要着重突出 IP 形象的外表描述与渲染参数。更详细的外表描述可以帮助 AI 更高效地理解和生成我们需求的角色形态与服饰细节等。

比如，我们希望生成一个超酷机车女孩的形象，便可以在提示词中加入相关气氛和元素的描述，这里可以尝试切换 niji 模式和正常模式，选择合适的模型进行生成（图 3-11）。

提示词： tidy play, blind box, cute cool girl, front face, full body, tech cyber style, black colored, advanced black, mockup, motorcycle girl, fine gloss, OC rendering, best quality, ultra detail --v 5.2

图 3-11

接着，我们可以从中选择一个较为满意的形象，在此基础上根据需求进行建模和细节调整，并制作衍生周边设计方案（图 3-12）。

在 Midjourney 中，提示词不区分英文大小写字母。但在本书中，为了让提示词可清晰辨认，会对个别专有名词使用大写字母，如 Blender、C4D、Zbrush 等。另外，Midjourney 对提示词（句）的语法要求并不严格，因此你不必过于担心输入的提示词（句）不够精确。

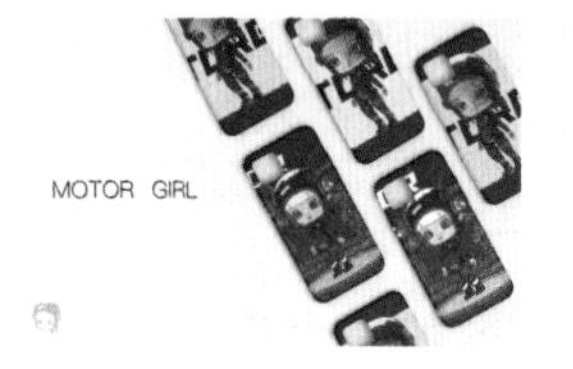

图 3-12

2. 控制角色一致性

很多时候，我们在设计 IP 形象时都需要让角色展示更多的动态姿势。下面就来讲解一下如何尽可能保持角色外貌统一的前提下，生成表情、动作不同的形象。

◆ 基础角色生成

首先，我们通过输入提示词，从随机生成的结果中选择一个比较满意的基础角色形象。例如，我现在需要一个带着绿色蝴蝶结的黑色乖巧小猫的形象，我们在输入提示词时，要尽可能详细地描述角色外表，以防止后续在改变其细节要素时，整体形象发生较大的变化。在这里，我们对小猫的材质、装饰领结和背景做了限定（图 3-13）。

提示词： a toy cat, clay model, black fur, green bow tie, a white background, kawaii charm, Zbrush, Blender, 8K, minimalism --niji 5

图 3-13

在选择基础角色时，一些美观但外观构成较复杂的角色，往往在后续做变化时，相对更难保持形象的一致性，因此利用 Midjourney 生成 IP 形象时，在 IP 形象满足设计需求的同时，尽量选择结构更简洁的角色形象，便于接下来的角色姿态延展。

◆ 生成不同表情

接下来，我们来生成相同角色的不同表情效果。首先将前面已生成的图片的链接复制到对话框中，并在原提示词的基础上加入对角色表情的描绘，如“惊喜、委屈、生气、惊讶、难过、尴尬”等。需要注意的是，在出图的过程中，经常会出现一些与原角色差异较大的元素，如一些半身猫咪、黄色瞳孔、粉色的耳朵内侧等，这时为保证出图效率与效果，我们可以对其外表进行进一步限定。例如，可以加入“完整身体、绿色的瞳孔、全身黑色”等描述，最终效果如图 3-14 所示。

提示词： a toy cat, clay model, full body, happy face, running pose, black fur, green bow tie, green eyes, body is black, a white background, full body, kawaii charm, Zbrush, Blender, 8K, minimalism --niji 5

图 3-14

◆ 生成不同姿态

在垫图的情况下，通过修改提示词，基本只能让角色改变面部表情或小幅度的动作变化，较难发生大幅度的姿态改变或合理放置新元素，比如想要得到“奔跑 / 睡觉”“吃鱼”或“抱着礼物盒子”等动作幅度改变较大的图片（图 3-15），在描述中使用链接通常难以实现理想的效果，这时可以尝试删除原图链接，在角色基本外形描述不变的前提下，进行姿态的限定。

提示词： a toy cat, clay model, happy face, black fur, black ears, green bow tie, green eyes, body is black,（handing a gift box in front of him）, a white background, kawaii charm, Zbrush, Blender, 8K, minimalism --niji 5

图 3-15

在为同一形象生成不同的表情和姿态时，Midjourney 现有版本不可避免地会使前后形象在细节上发生变化，比如在以上案例中，小猫头部的毛发、瞳孔、胡须等也会随着每次出图发生变动，我们只能通过控制提示词，限制其变化程度。如希望进一步应用，还需借助其他工具或建模时自行调整。

3. 三视图

要想生成三视图（图 3-16 和图 3-17），只需在前述 IP 提示词公式中，加入“三视图”相关的描述，即“three views, front view, side view, back view”。当然，有时你会发现在出图中会有很多半身图，为此可以加入“full body”提示词。另外需要注意，niji 模式会比其他模式更适合生成 3D 形象。在正常模式下，角色的身体比例更加修长，形象与风格也更偏写实，而 niji 模式下的出图会偏向卡通，也更符合绝大多数的设计需求。

提示词： 3D toys, blind box, a cute rabbit, wearing a space suit, exquisite face, three views, full body shot, front view, side view, back view, 3D, C4D, OC rendering, Blender, film lighting, candy color, vibrant colors, simple background, super detail, Ultra HD, best quality, 8K, --ar 16:9 --s 250 --niji 5

图 3-16

提示词： 3D toys, blind box, a cute （certain animal）, wearing a space suit, exquisite face, three views, full body shot, front view, side view, back view, 3D, C4D, OC rendering, Zbrush, Blender, film lighting, MD clothing, candy color, vibrant colors, simple background, super detail, Ultra HD, best quality, 8K, --ar 16:9 --s 250 --niji 5

图 3-17

图 3-17（续）

在此需要注意，在输入提示词时，图片比例的设置会影响角色的身体比例与三视图的准确性和完整性，因此在设置图片长宽比时，需要保证 3 个同等大小的角色可以并排放置。

4. 其他 IP 案例

下面是 3 款当下流行风格的 IP 形象设计案例，通过调整形象提示词，均可生成质感和外形高度专业化的 IP 形象（图 3-18、图 3-19 和图 3-20）。

◆ 兜帽小熊

在这个案例中，我们加入"黏土模型""粗糙材质"等词汇，更有助于塑造盲盒玩具的质感。另外，当需要从出图中获取更多灵感时，尝试使用"--s"后缀，增大 AI 创意发挥的空间。

提示词： blind box, trendy toys, clay model, bear, with headgear, minimalism, rough texture, pure background, high definition, virtual engine, C4D, Blender, OC renderer, natural light --niji 5 --s

图 3-18

◆ 航天员玩偶

提示词： blind box, trendy toys, clay model, solar bear/monster, spacesuit, minimalism, rough texture, high definition, virtual engine, C4D, Blender, OC renderer, natural light --niji 5

图 3-19

◆ 小怪物

提 示 词： blind box, trendy toys, clay model, a cute monster, a small small creature on its head, minimalism, rough texture, high definition, virtual engine, C4D, Blender, OC renderer, natural light --niji 5

图 3-20

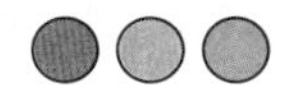

第4章 产品设计

产品设计指设计师通过材料、形态、结构等方面的运用来传递产品的美感和使用体验，主要目的是协调用户与产品之间的关系，实现人机功能与人文美学的统一。随着现代社会发展，人们生活品质提高，产品外观逐渐成为影响消费者购买决定的重要因素，情感需求与功能需求也共同成为产品设计的核心思考点，而产品造型设计恰好可以满足美观性与功能性的市场需求，以此提高产品竞争力与附加值。

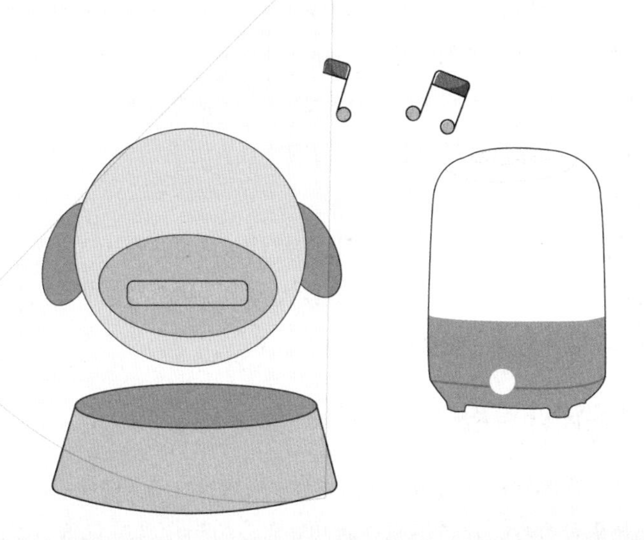

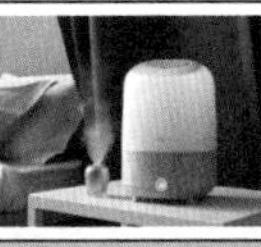

4.1 产品设计基础知识

如今的产品设计师需要深入地了解市场需求，拟定产品设计规划方案，构建产品原型设计，并以用户体验为中心，改进现有产品或创作新产品。其中构建产品造型往往需要花费较多精力，而 Midjourney 恰巧可以发挥其高效造型产出的优势，帮助产品设计师提高设计效率。

4.1.1 产品造型六要素

不管是室内家具、生活用品，还是交通工具、办公用品等，产品造型都是由以下几个基本要素构成的：功能要素、形态要素、结构要素、材料要素、色彩要素和人机要素（图 4-1）。

功能要素—形态要素—结构要素—材料要素—色彩要素—人机要素

图 4-1

- **功能要素：** 产品所具有的实用性和功能性，直接决定了产品的实用价值。设计师在产品设计中要使其符合用户的期望。良好的功能稳定性，出色的操作便捷性，都是产品的加分项。
- **形态要素：** 可以简单理解为产品的外形或姿态，影响产品的美观性和独特性。设计师需要根据产品的定位和市场需求，塑造产品的特色以及背后的品牌形象。
- **结构要素：** 产品内部的组成结构和部件配置。在产品设计中，结构要素对产品的使用效果、功能实现和外观形态都有着至关重要的影响。
- **材料要素：** 产品的材质和质地方面的特性，它会影响产品外在的质感以及用户的主观感受。
- **色彩要素：** 产品的颜色和色彩搭配的特性，这也正是 Midjourney 所擅长的领域。
- **人机要素：** 在产品设计过程中，要以人为本，使产品更符合用户的需求和使用习惯，提高产品的易用性、安全性和可靠性。

4.1.2 产品设计流程

产品设计工作流程是一个系统性的过程，需要设计师（设计团队）充分了解用户需求、市场趋势和技术可行性，通过不断创新和完善，打造出具有竞争力的产品，为企业创造价值和利润。产品设计流程包含了多个环节（图 4-2）。

需求分析 – 市场调研 – 创意产出 – 方案筛选 – 详细设计 – 制造和测试 – 产品发布

图 4-2

- **需求分析：** 这一步需要与客户沟通，了解客户的需求和要求，并在此基础上制定产品的设计目标。
- **市场调研：** 对市场进行调研和分析，了解目标用户的需求和市场趋势。市场调研可以通过问卷调查、用户访谈、竞品分析等方式进行。
- **创意产出：** 在前两个步骤的基础上，设计团队开始产生创意，提出不同的设计方案。这些方案通常以草图、模型或虚拟模型的形式呈现出来。
- **方案筛选：** 从众多的设计方案中，筛选出最符合需求和目标的方案。这一步需要综合考虑多个因素，包括可行性、市场竞争力、制作成本等方面。
- **详细设计：** 在这一步需要细化设计方案，并对每一个细节进行精确的规划和实现。
- **制造和测试：** 设计完成后，设计团队将开始制造原型，并对原型进行测试和验证，这一步可以帮助设计团队发现问题和改进方案。
- **产品发布：** 在完成制作和测试后，便可以发布和销售产品了。这一步的重点环节有市场推广、销售渠道、售后服务等。

Midjourney 的优势目前主要体现在“创意产出”和“方案筛选”阶段，作为一个创意输出的辅助工具，Midjourney 提供的大量设计案例与模板，不仅给设计师提供了更多的设计灵感和思路，还可以帮助设计师在产品设计中对产品的材料进行评估，包括不同的金属、塑料、木材等，从而实现更加精准的设计。

4.2 产品设计思路与方法

4.2.1 提示词公式

提示词的撰写，可以结合 Midjourney 提示词通用公式与产品造型基础构成要素（图 4-3），从而辅助实体产品造型设计工作。

主体
（产品描述）
（产品类型/产品形态/产品功能/构图/视角）

风格
（色彩/材质/工艺/光线）

参数
（渲染/相机/品质/后缀）

图 4-3

4.2.2　提示词应用解析

在这里，我们以家用加湿器为例，展示 Midjourney 在产品造型设计上的应用方法和效果。

随着人们对生活质量和健康的要求日益提升，空气加湿器逐渐成为干燥地区家庭不可缺少的小型家电产品，而消费者对产品美观的追求，也要求产品设计师们设计出造型更加多样、材质更为细腻的外观方案。我们将按上面提到的提示词公式，逐一展示 Midjourney 针对产品不同要素和渲染设置的表现。

1. 主体（产品描述）

◆ 产品功能描述

主要阐述产品品类、产品定位等主要信息。产品功能又分为使用功能和审美功能，在撰写 Midjourney 功能要素提示词时，也可围绕这两点来写。比如可采用"形容词定语 + 产品品类"的形式，对产品基本属性进行限定，接下来的形态要素会对产品外观风格等发挥作用，故此部分只需对产品最突出的定位进行精简描述，比如在这里可以重点突出"加湿器""高端产品"，效果如图 4-4 所示。

提示词： product form design, humidifier, high end products --ar 4:3

图 4-4

◆ 产品形态描述

产品形态会给人一种直观的视觉感受，一个优美、独特的产品形态可以增加产品吸引力，更易被消费者接受和认可。这里我们针对加湿器水雾迷漫的使用氛围和缓解空气干燥的功能属性，尝试使用了以下几个造型提示词：streamline shape（流线造型）、mountain shape（山型）、droplet shape（水滴造型）和 portable styling（便携风格），最终的效果如图 4-5 所示。

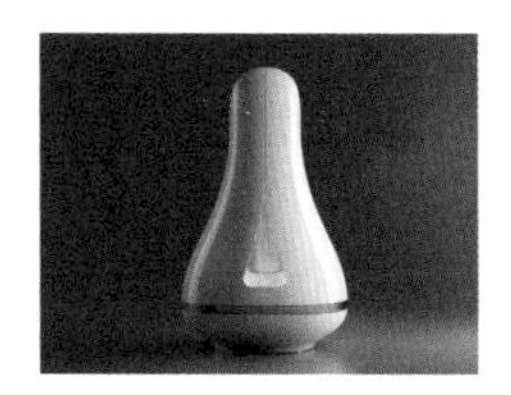

streamline shape（流线造型）

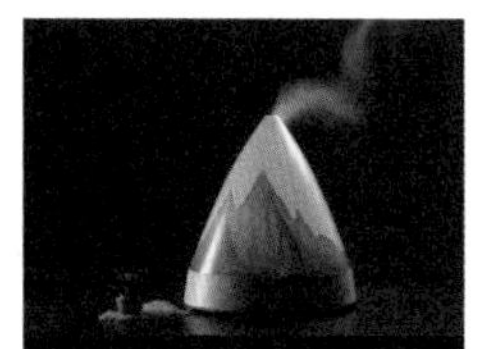

mountain shape（山型）

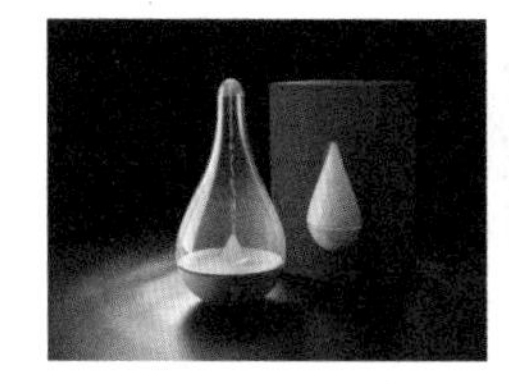

droplet shape（水滴造型）

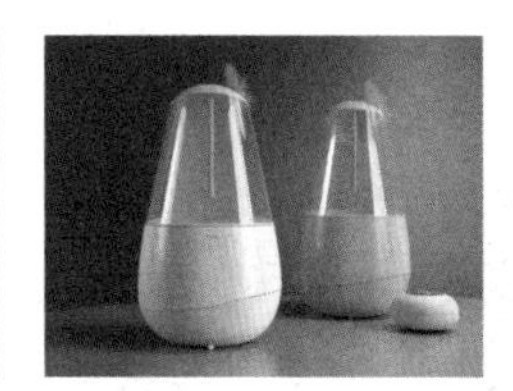
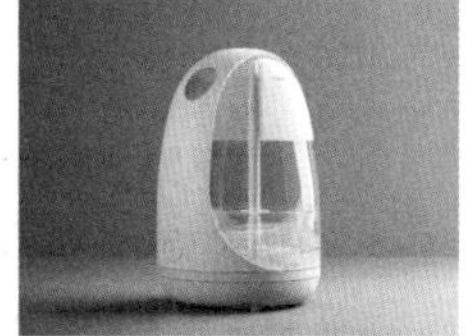

portable styling（便携风格）

图 4-5

产品形态可以通过输入设计师或设计公司名称提示词来构建，也可以通过垫图来完成，这也是获得自己想要产品造型的最高效方式。关于垫图的内容可查看后文参数设定中的“垫图 +--iw”部分。

◆ 描述 CMF（色彩、材料与工艺）

色彩是产品设计中最直观的美感元素之一，色彩可传达产品的性质、功能和使用场景等信息，对于用户的情感认知和使用体验有很大的影响。不同的色彩会引起用户不同的情感反应，从而影响用户的使用感受和态度。例如，红色常常用于传递能量、活力和热情，蓝色则常常用于传递稳定、冷静和信任等感觉。

由于加湿器的设计要让消费者感受到一种清新舒适的使用体验，加之考虑到它要与多数的家居装修风格搭配，市面上加湿器外观色彩多为白色。但为方便给大家展示不同色彩的产品外观效果，在这里还尝试了其他 3 种配色：gold and silver tone（金银色调，如图 4-6 所示）、cool blue color（冷蓝色调，如图 4-7 所示）和 warm red color（暖红色调，如图 4-8 所示）。

金银色调效果图的提示词如下。

提示词： product form design, humidifier which is gold and silver colored, high end products, clear plastic white --ar 4:3 --q 2 --s 250 --v 5

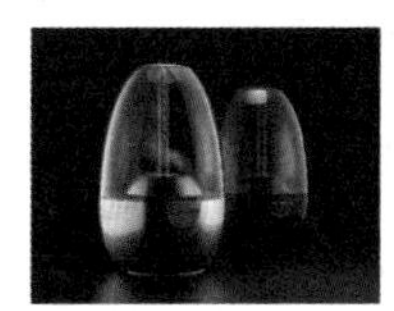

图 4-6

冷蓝色调效果图的提示词如下。

提示词： product form design, shell is cool blue tone, high end products, --iw 2 --ar 4:3

图 4-7

暖红色调效果图的提示词如下。

提示词： product form design, humidifier which had warm red shell, high end products, --ar 4:3

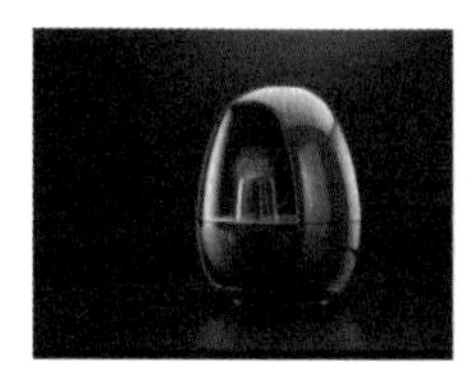

图 4-8

色彩的英文提示词可以进行多种尝试，如tone（色调）、color（色彩）、series（色系）、shell is...（外壳是……颜色），因为AI对于词语的理解有偏差，如输入“cool blue tone（色调）”提示词，可能出现在产品表面打蓝色光而非产品外壳为蓝色的情况。

色彩提示词的输入有时对产品造型、图片画质会有一定的正面影响，因此如果形态受限时，可尝试添加色彩提示词。

接着是描述材料。考虑到加湿器的安全性、耐用性、清洁性与保湿性，其外壳可采用塑料材质，包括ABS（丙烯腈-丁二烯-苯乙烯树脂）、PP（聚丙烯）、PE（聚乙烯），它们都有较好的强度和耐磨性。出于美观考虑，我们可以加入透明塑料PMMA（聚甲基丙烯酸甲酯），其具有优良的透明性、耐氧化性、耐紫外线性能和耐高温性。我们指定透明塑料与白色塑料材质比例，设定加湿器产品材质中八成为透明塑料，白色塑料占两成（图4-9）。

提示词： product form design, humidifier white colored, high end products, clear plastic::8 white plastic::2 --ar 4:3

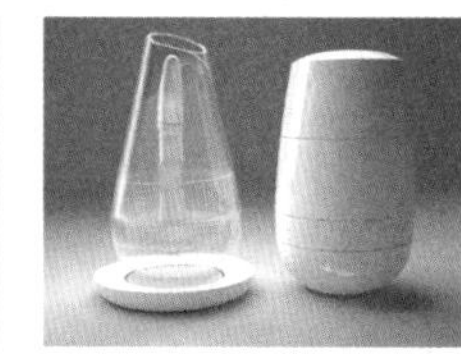
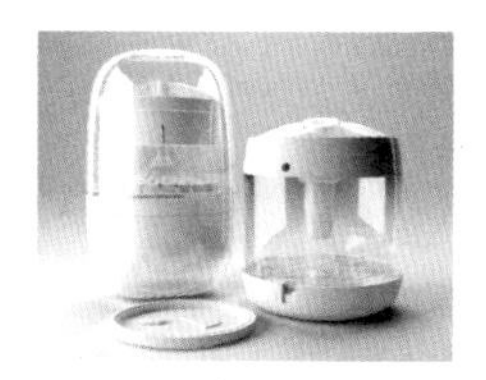

图 4-9

最后轮到了工艺。一个产品的表面工艺效果可以影响其外观质量、手感、耐用性等方面，进而影响消费者的购买决策和使用体验。木材通常给人温暖舒适的视觉和触觉体验，因此我们在加湿器表面尝试加入木质纹理，使加湿器具有自然美观的外观，也更符合人们的审美需求（图 4-10）。

提示词： product form design, humidifier white colored, high end products:: wood texture:: 2 --ar 4:3 --q 2 --s 250 --v 5。

图 4-10

> 双冒号（::）可用于分配某要素在画面中出现的权重，在此可以调整材料在产品中出现的比重。公式为，目标内容 ::（数字）某要素 ::（数字）。不添加数字时，:: 用于分隔两侧内容，添加数字时则代表比重，当数字为负时，代表降低某元素出现比重。

2. 背景 / 环境

不同产品背景和环境的渲染图可以让设计师了解产品与使用环境的匹配程度，烘托产品功能特性，也便于后期消费者更好地了解产品的使用场景和功能，于是针对此款空气加湿器的背景，我们设定了草地、卧室、郁金香和办公室桌面 4 种背景，出图效果如图 4-11 所示。

草地背景的提示词如下。

提示词： product form design, humidifier which background is grass, white colored,high end products, wood texture --ar 4:3 --seed 1281720799

卧室背景的提示词如下。

提示词： product form design,humidifier which background is bedroom, white colored,high end products, wood texture --ar 4:3 --seed 1281720799

郁金香背景的提示词如下。

提示词： product form design, humidifier which background is saloon, There are two potted tulips nearby, white colored, high end products, wood texture --ar 4:3 --seed 1281720799

办公桌背景的提示词如下。

提示词： product form design, humidifier which background is office table, white colored, high end products, wood texture --ar 4:3 --seed 1281720799 --q 2

图 4-11

3. 参数设定（渲染设置）

◆ 风格

产品设计图的渲染风格可以参考两类描述，即真实摄影风格和 3D 渲染风格。从效果图可以看出风格有较大的差异，前者不论主体产品还是装饰物的质感、景深虚化和光线的设置上都更加接近肉眼所见，而 3D 渲染风格的图片元素均有较强的“渲染”痕迹，真实感相对较弱。

真实摄影风格的生成效果如图 4-12 所示。

提示词： product form design, humidifier which background is office table, white colored, high end products, wood texture, photography, --ar 4:3 --seed 1737566725

图 4-12

3D 渲染风格的生成效果如图 4-13 所示。

提示词： product form design, humidifier which background is office table, white colored, high end products, wood texture, 3D rendering --ar 4:3 --seed 1737566725

图 4-13

◆ 光照

全局光照（global lighting ）具有反射和折射的性质，光线碰到拍摄对象，反射正反射光或漫反射光，这就控制了色彩、物体间相互作用的反射、折射、散焦等光效，最后演绎了现实的自然光（图 4-14）。

提示词： product form design, humidifier which background is office table, white colored, high end products, wood texture, photography, global lighting --ar 4:3 --seed 1737566725

图 4-14

轮廓光(rim lights)是对着摄像机方向照射的光线，当主体和背景影调重叠的情况下(比如主体暗，背景亦暗)，轮廓光起到分离主体和背景的作用（图 4-15）。

提示词： product form design, humidifier which background is office table, white colored, high end products, wood texture, photography, rim lights --ar 4:3 --seed 1737566725

图 4-15

体积光（volumetric light）属于室内灯光控制系统，其主要呈现灯光洒过某种介质后在物体周围所形成的一种光泽，例如太阳照到树上，会从树叶的缝隙中透过形成光柱(图 4-16)。

提示词：product form design, humidifier which background is office table, white colored, high end products, wood texture, photography, volumetric light --ar 4:3 --seed 1737566725

图 4-16

◆ 角度

这个参数将体现为画面的视图角度，这里举一个正视图（front view）的例子（图 4-17），大家可举一反三，此处不再赘述。

提示词：product form design, humidifier which background is office table, white colored, high end products, wood texture, photography, global lighting, front view, --ar 4:3 --seed 2754654502

图 4-17

目前 Midjourney 尚无法利用 seed 值针对一张图片中产品的某一视角，稳定地生成其他角度的视图。

关于三视图描述及效果的实践经验如下。

- 正视图：v5 版本对“front view”的理解比 v4 版本要好些。
- 左视图：Midjourney 对“left view”（左视图）的理解差强人意，更换为“从产品的左侧面看过去的图像”等具象描述后结果依然不理想。
- 顶视图：Midjourney 对“top view”（顶视图）的出图角度均有局限，在加 seed 的情况下基本无法达到完全顶视。在不加 seed 的情况下，“observed from a position directly above the product”（从产品正上方的位置观察）的具体描述比单纯“top view”更能让 Midjourney 理解，但一定程度会削弱 seed 值的作用。

◆ 质量参数

chaos（混沌值）是控制描述文字与出图效果之间差距的参数，数值范围为 0 至 100，混沌值越大，图片越有创造力。以下是混沌值分别为 1/10/50/100 的出图效果，可以明显看出混沌值对产品造型张力的影响随着数值增大而增强（图 4-18）。

提示词： product form design, humidifier which background is office table, high end products, cylinder shape, white colored, wood texture, photography, global lighting --ar 4:3 --chaos 1/10/50/100 --v 5 --q 2

图 4-18

◆ 垫图 +iw

垫图，可以让 Midjourney 最终的出图效果更符合自己的预期，而 iw 值的作用是调整图片与参考图的相似程度，数值范围是 0 至 5，默认值为 0.25。数值设得越大，则生成图片越接近参考图片。图 4-19 所示为垫图，图 4-20 从左到右分别是 iw 值为 0.5、1 和 2 的出图效果（图 4-20）。

图 4-19

提示词： product form design, humidifier which background is office table, white colored, high end products, wood texture --ar 3:4 --iw 0.5/1/2

图 4-20

◆ --seed 种子值

seed（种子值）是生成图片的初始值，通过设置 seed 值，可以生成相似风格的图像，以保持画面的连贯性。单击 Midjourney 界面中的"添加"以及小信封图标，即可获得已生成四宫格图像的 seed 值。之后将此 seed 值复制到提示词输入栏中，添加与已生成图片近似的提示词，最后就能获得一组风格接近但内容不同的图像。

图 4-21 由作者创作，seed 值为 1737566725，其生成效果如图 4-22 所示。

图 4-21

提示词： product form design, humidifier which background is office table, white colored, high end products, wood texture, photography, rim lights --ar 4:3 --seed 1737566725

图 4-22

4.2.3 产品概念设计案例

在本章的最后，将展示一些获得设计团队与客户认可的产品概念设计方案，分别如图 4-23～图 4-30 所示。在此提供了相应的提示词，可供正在制作同类产品的设计师参考，从提示词中找到适合自己的设计思路。

◆ 无人机

提示词： product form design, futuristic aerial photography drone, minimalism, studio background, high viewing angle, photography, surrealism, virtual engine, global lighting --ar 4:3 --v 5 --q 2

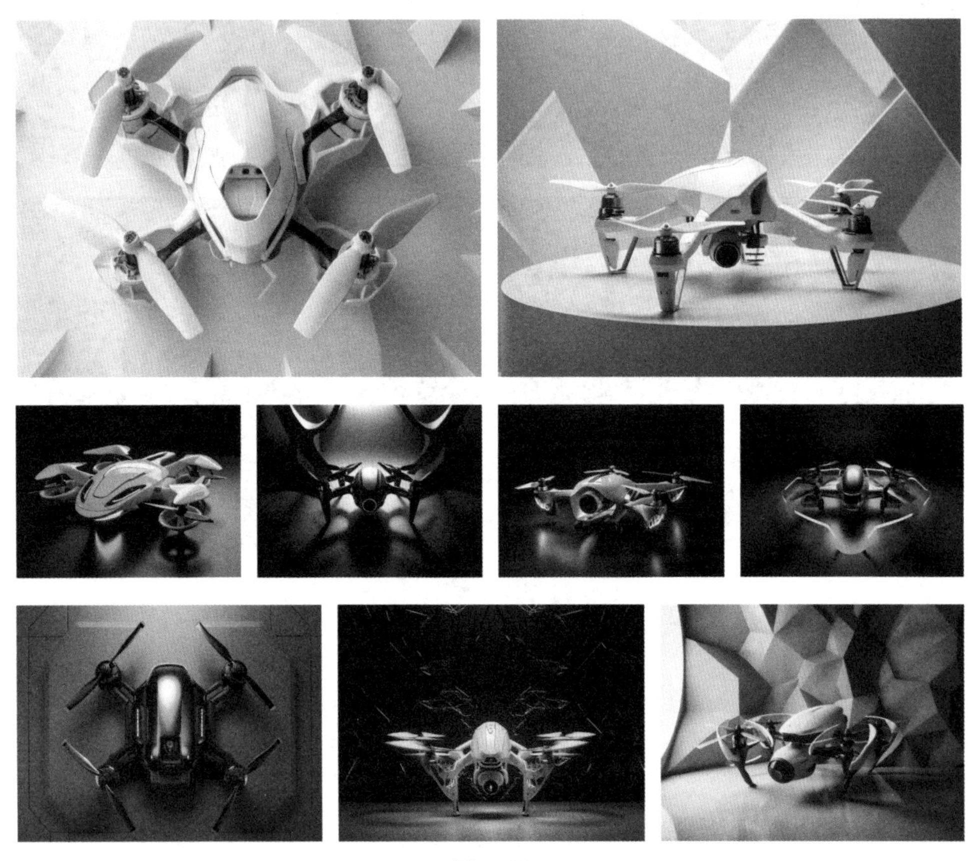

图 4-23

◆ 山地自行车

提示词： a mountain bike with aerodynamic design, lightweight carbon fiber frame which is orange, rubber tires, textured surface, predominantly black frame, gray pedals, gray handlebars and suspension, ergonomically designed seats, comfortable, and high-performance disc brakes, outdoor background, bike is on some stones, photography, hyper reality --ar 4:3

图 4-24

◆ 蓝牙耳机

提示词： a modern true wireless bluetooth earbuds, cold and warm light, a strong sense of technology, hyper realistic, high angle, high resolution, high detail, film texture, 50mm focal length, commercial photography, atmospheric lighting, unreal engine, high resolution, high detailed --ar 4:3

图 4-25

图 4-25（续）

◆ 摩托车

提示词： electric motorcycle, futuristic, sleek, aerodynamic shape, high-quality aluminum alloy frame, LED lights, spacious seat, clean lines, sculpted fuel tank, compact battery pack, aerodynamic fairing, uncovered suspension, full shot, photography, --ar 4:3

图 4-26

◆ SUV

提示词： SUV design, futuristic, smooth lines and curves, with a mctallic silver finish and black ornament, panoramic sunroof and aerodynamic shape, captured in a mountainou landscape with soft lighting soft lighting and a hint of fog, 4K, photo-reallism, ultra-detail --ar 4:3

图 4-27

◆ 吸尘器

提示词： wireless lightweight vacuum cleaner, household, ergonomic design, powerful motor drive, LCD display on the head, easier to hold, frosted plastic, natural lighting, high detail, high quality, high resolution, fantasy engine, --ar 4:3

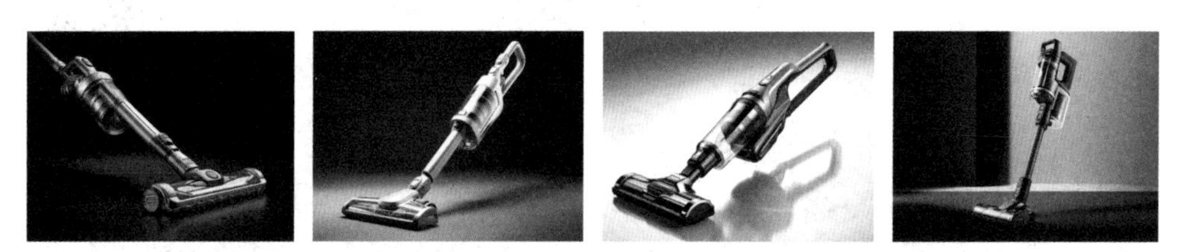

图 4-28

◆ 婴儿车

提示词： baby carriage, minimalism, fashion, lightweight, 4K definition, virtual engine, high detail, industrial design, studio lighting, --ar 4:3 --s 250 --v 5.1

图 4-29

◆ 烤面包机

提示词： product modeling design, toaster, simple style, macaron color system, metal material, bottom wood texture edging, kitchen background, clean background, high detail, high quality, super realistic, real photography --s 250 --v 5.1

图 4-30

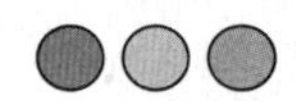

第5章 平面设计

平面设计的应用范围非常广泛，包括印刷品、广告、包装、数字媒体等领域。随着数字技术的发展，平面设计也逐渐向数字化、互动化方向发展，网页设计、App 设计都离不开平面设计的基本理念与原则。本章以常见的运营设计以及海报物料为例，介绍基于 Midjourney 平台的设计流程、方法和技巧。

5.1 运营设计

运营设计的重点是在用户体验和业务目标之间寻找平衡，它需要设计师在创意和美学方面具备专业知识，同时了解品牌的目标和市场需求。运营设计需要设计师与营销和销售团队密切合作，以确保设计与业务目标相符合。通过对设计图的优化和创新，可以提升用户体验、增加用户黏性、提升品牌形象和销售转化率等。

5.1.1 运营设计流程

运营设计流程通常包括以下步骤（图 5-1）。

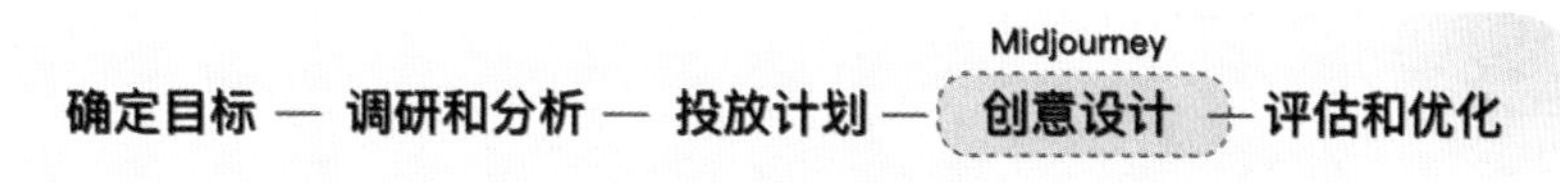

图 5-1

- **确定目标：**首先需要明确运营设计的目标，例如提高单击率、转化率，以及品牌知名度等。
- **调研和分析：**在确定目标之后，需要进行调研和分析，了解产品属性以及目标受众的特点、需求和行为模式等。
- **投放计划：**在了解用户群体后，需要制定计划和策略，以实现运营目标，如推广投放计划、活动级别等。
- **创意设计：**进行创意设计和制作，构图、风格、色彩、字体、版式等设计都要满足前面步骤所得出的结论。
- **评估和优化：**在创意设计和制作完成后，需要开始实施运营活动，并通过数据分析，了解运营活动的效果和达成情况，并对后续的运营工作进行改进和优化。

5.1.2 提示词公式

从运营设计流程中的“创意设计”入手，将运营设计的提示词围绕“画面主体、画面风格 / 色彩、参数设定”展开叙述。当然，有些运营设计方案可能需要根据需求进行多次尝试和调整，接下来我们以常见的运营设计为例进行阐述（图 5-2）。

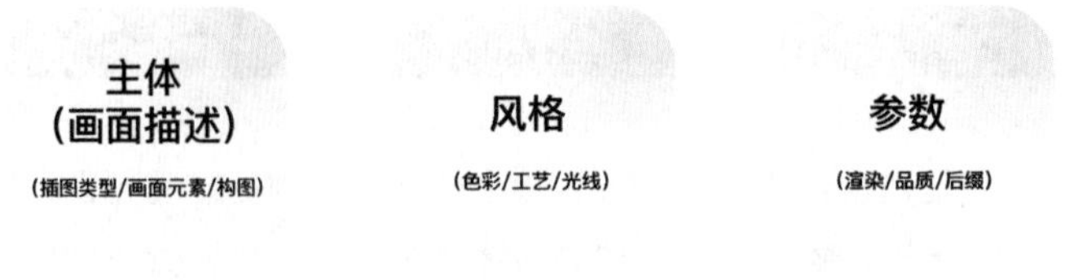

主体
(画面描述)
(插图类型/画面元素/构图)
风格
(色彩/工艺/光线)
参数
(渲染/品质/后缀)

图 5-2

5.2 电商促销开屏广告

利用 Midjourney 辅助生成运营设计的完整工作流程是：风格确定、元素构建（Midjourney 出图、微调图片、手绘部分元素）、版式设计、输出（图 5-3）。

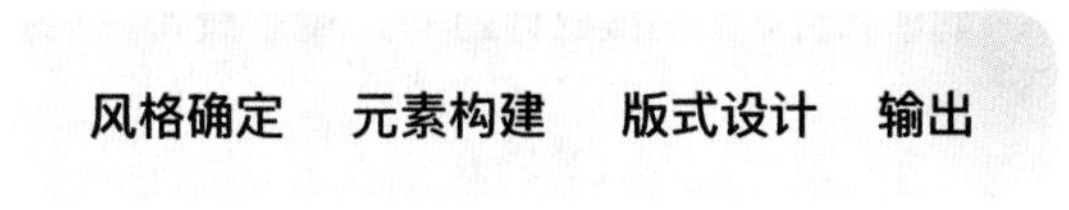

风格确定
元素构建
版式设计
输出

图 5-3

首先对运营设计图进行层级梳理，简化画面构成，将开屏划分为信息区和氛围区。由于此案例为周年庆促销设计，因此整体氛围较欢快，氛围区采用热闹喜庆的元素与放射式构图，而信息区的标题应文案简明，字体大方规整，以提升可读性，给用户直接的浏览体验（图 5-4）。

信息区
主标题
副标题
氛围区

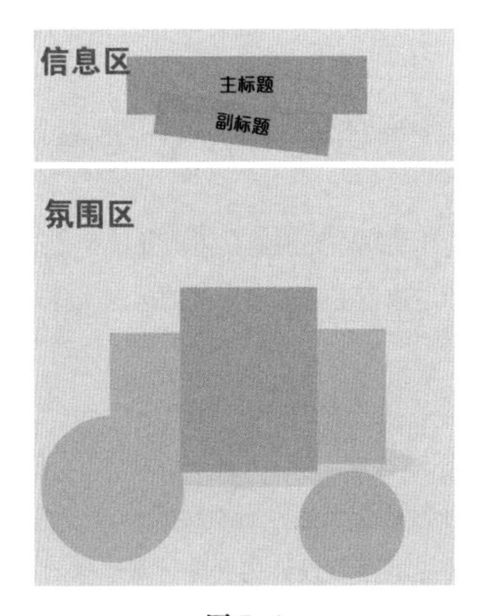

图 5-4

1. 风格确定

在使用 Midjourney 生成图片之前，首先需要明确画面的大致风格调性，因为 AI 出图具有较高的随机性，设计师需要在了解运营目标的前提下，在出图前对画面风格进行限定，确保后续 Midjourney 的出图方向不会偏离预期。画面风格可以通过输入提示词直接限定，也可以通过寻找参考图片进行“垫图”。

下面以“某超市周年庆大促”运营设计为例进行讲解。我们首先寻找几个风格参考（图 5-5）。

图 5-5

2. 元素构建

由于画面背景很大程度决定了“大促”开屏的风格，所以根据预期构想，使用 3D 渲染、喜庆氛围、圆形舞台、弧形拱门等提示词，生成效果如图 5-6 所示。

提示词： 3D rendering, e-commerce big promotion background, circular stage, curved arch, 3D rendering, red color, virtual engine, global illumination, OC rendering, high detail, high quality, high resolution, high definition --ar 3:5 --iw 2 --q 2 --v 5 --s 250

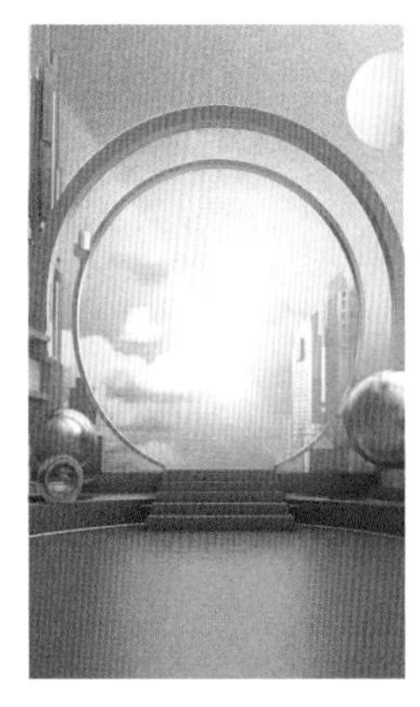

图 5-6

在背景图的基础上，可以根据需要增添一些装饰元素，如礼物盒、文字条幅、氛围彩带、优惠券等。当然，有时也会使用一些角色形象，比如这里加入了卡通小浣熊形象（图 5-7 和图 5-8）。

提示词： 3D modeling, four gifts stacked, red background, 3D rendering, lively atmosphere, virtual engine, global illumination, OC rendering, high detail, high quality, high resolution, HD --ar 3:5 --q 2 --v 5

图 5-7

提示词： IP design, cartoon raccoon, happy, full body, dynamic pose, wearing red clothes, light red background, 3D art, 3D rendering, global illumination, OC rendering, ray tracing, high detail, best quality, high resolution, high definition

图 5-8

对以上图片进行轻量化的调整，例如抠图处理、修正细节，随后进行必要元素的手动绘制，最后添加文案及行动按钮，即可看到最后的开屏效果（此处为避免产品版权问题，奶粉产品及奶瓶为生成图片，如图 5-9 所示）。

图 5-9

5.3 户外活动海报设计

下面以露营活动的运营设计为例，利用 Midjourney 高效产出不同风格的运营设计。通过单次出图及轻量的后期微调和文案排版，即可在短时间内实现高质量的 banner 及开屏广告（图 5-10）。如果涉及设计的延展，可以在生成图的基础上重新绘制或利用 Adobe Illustrator 进行图层处理（由于传统软件的用法不是本书的重点，因此这里不对具体操作进行详细介绍）。

提示词： flat vector illustration, night, minimalist style, three people outdoors, one dancing, one playing guitar, one blowing piano, campfire in the middle, camping atmosphere, tent, bright color gradient, childlike illustration, detailed people illustration, high detail, resolution, high quality --ar 4:3

图 5-10

在提示词中加入“--niji”，人物角色的准确性更佳，色彩饱和度和对比度也更高，如图 5-11 ～图 5-14 所示。

提示词： flat vector illustration, night, minimalist style, three people outdoors, one dancing, one playing guitar, one blowing piano, campfire in the middle, camping atmosphere, tent, bright color gradient, childlike illustration, detailed people illustration, high detail, resolution, high quality --ar 4:3 --q 2 --niji 5

图 5-11

提示词： flat vector illustration, minimal style, three people outdoors, boy with golden retriever, girl with teddy, another person squatting and watching puppy, background with woods, grass, camping atmosphere, tent, children's illustration, high contrast color, indigo color, detailed character commentary, high detail, high resolution, high quality --ar 4:3 --q 2 --niji 5

图 5-12

提示词： 3D character design, a boy is holding a guitar and playing in front of the tent, singing happily, daytime, grass, camping atmosphere, the character story in the movie poster, playful animation, virtual engine, OC renderer, global illumination, high quality, high resolution, --ar 3:4 --q 2 --v 5 --niji 5

图 5-13

提示词： 3D modeling, two people in a car, one driving, pink colored car, one looking out, smiling happily, blue sky background, cartoon image, virtual engine, OC rendering, global illumination, high quality, high resolution --ar 3:4 --iw 1.6 --niji 5

图 5-14

如果对画面效果不满意，可以通过“垫图”（即输入一张自己想要的风格或角度的图片）和叠加提示词进行出图。

5.4 端午活动头图设计

节假日，是运营活动的重中之重。这里我们以端午活动头图设计为例，利用 Midjourney

快速输出多种样式的头图，随后可以通过后期微调及排版，快速实现专业感极强的头图及 banner 方案。

提示词： tourism illustration, a vector style, centered composition, dragon boat festival, four people rowing a boat, no C4D, light green color style, white background, dragon's head is very small --ar 16:7 --s 750 --niji 5

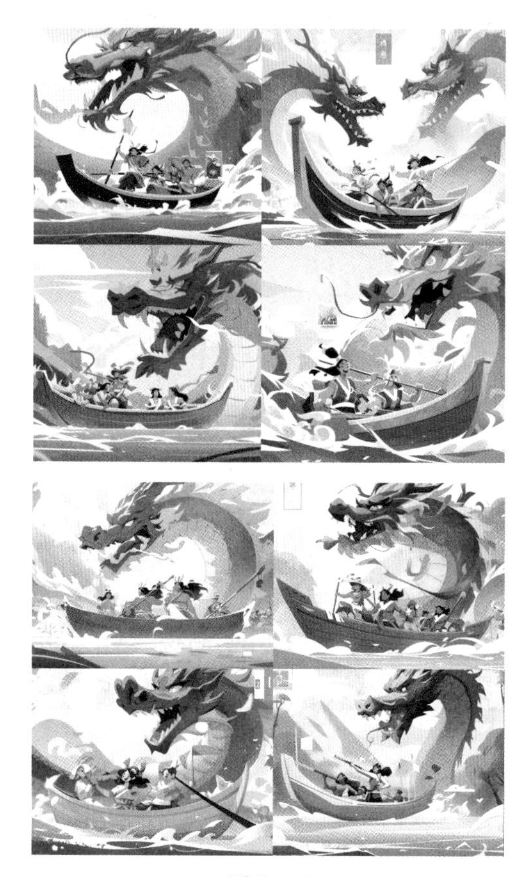

图 5-15

通过结果可以发现，大致的色彩感受，包括龙舟、龙等主题元素的表现比较精准，此时我们需要调整画面尺寸与镜头，出图与最终效果如图 5-16 所示。

提示词： front view, flat illustration, tourism illustration, a vector style, centered composition, dragon Boat Festival, four people rowing a boat, no C4D, light green color style, white background, dragon's head is very small --ar 16:7 --s 750 --niji 5

如果将其作为头图，画面还是稍显复杂，所以我们回到传统设计工具中微调画面，同时添加加适当的字体设计，便得到了最后的效果（图 5-17）。

图 5-16

图 5-17

5.5 夏日主题头图设计

除节假日外，我们也经常针对换季或以季节为主题进行专题运营活动，比如，输入夏日主题相关的提示词，出图效果如图 5-18 所示。

提示词： flat illustration, tourism illustration, a vector style, sunny day, a group of people having a party on the beach, beach, surfing, summer parties, at the beach, sandy beach, sun umbrella, coconut trees, eat watermelon, drink soft drinks, music, no C4D, light blue green color style, white background, --ar 10:8 --s 450 --niji 5

图 5-18

出图不符合预期，继续优化提示词，出图效果如图 5-19 所示。

提示词： flat illustration, tourism illustration, a vector style, sunny day, a group of people having a party on the beach, they celebrate summer by listening to music, eating watermelon and drinking soft drinks, beach party, coconut trees, sandy beach, sun umbrella, no C4D, light blue green color style, white background, high detail, high quality, 8K piature quality --ar 10:8 --s 550 --niji 5

图 5-19

由于视角拉远且画面中相对缺乏主体，因此加入“close shot”等镜头描述，继续调整和优化图片，出图效果如图 5-20 所示。

图 5-20

此时画面中的主体、装饰已经相对完善，我们取人物背对镜头的素材，回到设计工具中进行微调，最终效果如图 5-21 所示。

图 5-21

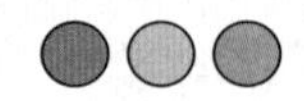

第6章 包装设计

包装设计是一门包罗万象的大学问，涉及工业设计、材料科学、市场营销和心理学等。一个与品牌形象相符的精美包装能够恰到好处地传递品牌形象和理念，提升商品的可信度，增强消费者对企业的信任和忠诚度，从而促进企业的良性发展。

PREVIEW

6.1 市场调研与设计定位

对包装设计的从业人员而言，对设计流程的认识和掌握都是极其重要的（图 6-1），这可以让设计师在设计过程中更加有条理，避免浪费时间和资源，从而提高设计效率，确保设计的目标和需求得到满足，既降低了设计风险，又提高了设计质量。

市场调研 —— 包装设计定位 —— 设计构思 —— 方案制作

产品 品牌 市场
客户需求 目标受众

产品品质 消费者
品牌形象 企业形象 文化

画面主体：产品品牌 产品本身 消费对象
画面风格：直接表现 间接表现

Midjourney
草图，露出内容 设计具体化
提案，立体效果，小批量市场

图 6-1

6.1.1 市场调研

市场调研是包装设计流程中必不可少的一环，它对于后续包装设计过程及成果的质量都有着至关重要的影响。调研主要包括以下几个方面。

- **客户需求分析：** 在这个阶段，设计师需要了解客户的要求、目标市场、产品特性等信息，确定设计方向和目标。
- **产品调研：** 对产品的品类、性质、功能、特点等方面进行深入的了解和研究，以此为基础进行包装设计。
- **品牌调研：** 明确品牌定位、品牌形象、品牌文化，以此为基础制定包装设计策略，使得包装设计能够准确地传达品牌的价值观和形象。
- **市场分析调研：** 对市场情况进行分析和研究，全面掌握产品所处的市场环境和竞争情况，以此为依据制定包装设计策略。
- **目标受众调研：** 对产品目标受众的年龄、性别、经济收入、文化教育、消费习惯审美倾向和心理需求加以理解，结合包装功能特性的要求进行包装设计。

6.1.2 设计定位

通过定位，可以确定产品的差异化特点和目标消费者，进而确定包装设计的风格、色彩、形状和材质等，从而在视觉上能够与竞争对手的产品产生区别。

6.2 设计构思与制作

6.2.1 设计的基本思路

包装设计的构思内容一般包括“表现什么”以及“如何表现”。从视觉上讲，即画面主体和画面风格。画面主体可以是产品品牌、产品本身和消费对象。

当品牌在市场上已经拥有一定知名度和较高的认可度时，在包装设计上便可突出品牌元素，例如品牌logo、品牌色彩等，以便消费者能够在众多产品中快速辨认出该品牌。

当产品本身的特征或者优势较为突出时，包装设计应该突出产品特点，例如形态、质感和功能等，以便让消费者能够通过包装设计直观地感受到产品是什么，以及是否适合自己，从而增强产品的吸引力。

当产品的目标消费对象较为明确时，包装设计应以消费者为表现重点，以便让消费者感受到品牌与自己产生共鸣和互动，从而增强品牌的亲和力和归属感。

画面风格可以直接表现或间接表现：直接表现是指将产品的特性、功能、用途等直接呈现在包装设计上，比如采用摄影图片的方式呈现产品某种属性；间接表现是指通过相对隐晦的方式来传达产品的特性和形象，比如使用比喻、象征和隐喻等手段来表达产品的特性和形象，引发消费者的共鸣和想象力。

6.2.2 方案制作流程

一旦确定了设计构思，就要开始制作方案了。在这个过程中也要按部就班，不能对任何细节掉以轻心。此阶段流程如下。

- **设计草图：**设计草图是包装设计师在头脑风暴和灵感启示的基础上，迅速手绘出简单设计草案，用于表达设计的初步想法，帮助设计师呈现设计方案。
- **露出内容准备：**在设计过程中，设计师需要对包装上所要露出的相关信息进行整理，具体包括插图、产品图片、产品商标、产品名称、广告语、功能性说明文字、盒形结构图等。
- **设计具体化：**通过设计软件，将以上元素进行组合，转化为具体的设计方案。在这个过程中，设计师需要将初步的想法逐步完善，确定设计的细节、配色方案、字体和图案等具体元素。

- **设计方案稿提案：** 设计方案稿提案是将设计具体化的方案制作成初步的平面设计稿，向客户或团队进行展示和提案。在这个过程中，设计师需要注意设计稿的清晰度、美观度和可行性，并根据产品开发、销售、策划等依据筛选出较为理想的方案。
- **立体效果提案：** 设计师可以通过样机或建模，将平面设计稿呈现为立体模型，目的是帮助客户更好地理解和认可设计方案，为后续的包装设计工作提供更加有力的参考和支持。
- **纸样及小批量生产：** 设计师可以借助设计纸样更直观地感受和评估包装设计方案的效果，并进行必要的修改和调整。如果提案获得批准，就可以制作样品，将产品放入包装中，通过市场调研部门的消费者试用、试销等反馈情况，最终确定投入生产的商品包装方案。

6.3 视觉传达要素

包装的两大设计要素包括视觉传达要素和形态结构要素，考虑到应用普遍性的问题，在这里我们着重介绍包装设计的视觉传达要素，也就是 logo 设计、品牌 IP 设计、字体设计、图形图像设计、色彩设计和图文编排等（图 6-2）。

Midjourney

logo设计　品牌IP设计　字体设计　图形图像设计　色彩设计　图文编排

图 6-2

logo 通常是品牌形象的核心，一个好的品牌标志能够树立品牌形象，传达品牌价值观，同时也能够增强产品的辨识度和记忆度。在进行 logo 设计时，需要考虑品牌定位、目标受众的文化背景和喜好等因素，选择合适的设计元素，如字形、图形、色彩等。同时，logo 设计还需要考虑与产品包装的协调性和一致性，以达到最佳的整体视觉效果。

品牌 IP，是一种具有代表性的形象，常用来代表一个品牌或产品，加深人们对品牌的记忆和好感，帮助消费者记住品牌。在进行品牌 IP 设计时，需要考虑品牌的定位、文化和产品特性等因素。此外，品牌 IP 的设计也需要充分考虑不同文化、地区的差异，避免在设计上出现不当或不合适的元素。

字体设计，可以帮助产品传达信息和品牌价值观，同时也能够增强产品的识别度和辨识度。除了要斟酌字体、字号、字距、字形，还需要兼顾文字与图形、色彩之间的协调性和整体感。

图形图像设计，是指在包装上运用图形、照片、线条等元素，帮助产品在竞争激烈的市场中脱颖而出。在设计时，需要考虑产品的特性、品牌形象、目标受众的喜好，选择或简单或复杂，或抽象或具象的具体呈现。

色彩可以引起人们的情感共鸣和品牌记忆，同时也能够增强产品的识别度和辨识度。在进行色彩设计时，需要考虑产品的品牌定位、产品的特性以及目标受众的喜好等因素，选择合适的色彩方案，如冷色调、暖色调、单色调、彩色调等。同时，色彩的运用还要考虑对比度、明度和饱和度，以达到最佳的视觉效果。

图文编排是指在平面上进行的整体构图和排版设计。在进行版式设计时，除了依然需要考虑产品的特性、品牌形象、目标受众的喜好等因素，还要选择合适的版式构图，如平衡、重心、重点等。同时，版式的设计还需要考虑文字、图形、色彩等元素之间的整体感和协调性。

此外，根据产品的不同，包装上的文字信息包括：企业名称、产品品名、含量、原料组成、添加剂组成、保质期、生产日期、贮存方法、委托商、广告词、质量标志、条形码等。设计师有责任对这些内容进行检查，如发现不妥之处，要及时告知相关负责人。

6.4 包装设计案例实战

Midjourney 非常适合生成 logo、品牌 IP、字体和图形图像，由于生成结果比较随机，需要设计师用 Photoshop 或手绘软件对生成图进行后期处理（图 6-3）。

图 6-3

6.4.1 插画风格零食包装创作

我们按照本章前面介绍思路，可以使用如下提示词，从而获得包装的主图效果（图 6-4）。

提示词： illustration design, nut packaging, squirrels, trees, branches, green leaves, white background, sketch style, high resolution, high detail, --q 2 --v 5

图 6-4

接下来，我们还需要一些图片素材，图 6-5 至图 6-8 分别为生成的图案、logo 和实拍效果。

提示词： some nuts, with retro graphic design and hand drawn element, white background, sketch style, high resolution, high detail, --ar 3:4 --q 2 --v 5

提示词： pattern design, nut themed, orange style, minimalist style, continuous pattern, block arrangement, traditional culture, high quality, high resolution, high quality --ar 4:3 --q 2 --v 5

提示词： logo design, vector plot, nuts, minimalism, high-definition, simplicity, and high quality --q 2 --v 5

提示词： walnut photo, photography, top-down, super realistic, white background --ar 3:4 --q 2 --v 5

图 6-5

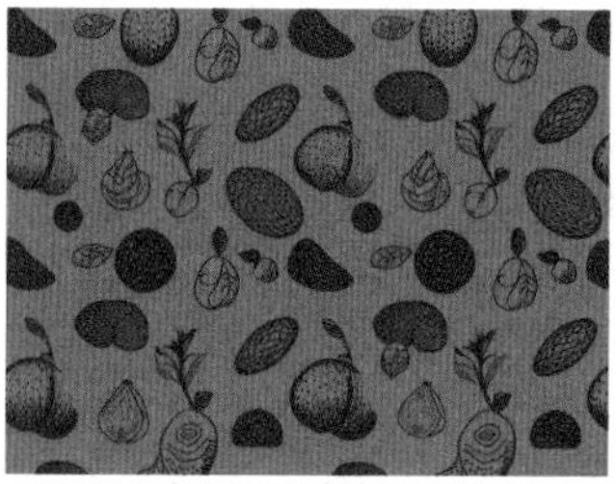

图 6-6

图 6-7

图 6-8

如果设计师对包装的排版已有构思，建议对主体与装饰物分别出图，如单独生成“松鼠”与“核桃”插图，后期进行拼接，这样编辑图片的灵活性更大。如果没有构思，则可以如上所述，在首幅插图中就加入对主体与装饰物在内的完整的画面描述，所生成的图可以提供给设计师版式排布上的参考。

最后，将已经生成的主图和上述素材放到 Photoshop 中进行处理，得到一个满意的结果（图 6-9）。

图 6-9

6.4.2 插画风格系列包装设计

在日常工作中，我们经常需要设计一个产品的系列包装（图 6-10）。这里，我们将用 Midjourney 生成一系列插画，用这些插画更新十款宠物零食包装，以此设计出简约干净的版面，生成效果见图 6-11 至图 6-15。

品名	规格	罐子尺寸	标签尺寸	上盖卡纸
冻干鸡肉粒	90g/罐	85*110mm	72*190mm	83mm直径
冻干鸡小胸	90g/罐	85*150mm	110*190mm	83mm直径
冻干鸭肉粒	70g/罐	85*120mm	80*190mm	83mm直径
冻干南极磷虾	50g/罐	85*110mm	72*190mm	83mm直径
冻干三文鱼块	60g/罐	85*120mm	80*190mm	83mm直径
冻干玉筋鱼	70g/罐	85*120mm	80*190mm	83mm直径
冻干鳕鱼	45g/罐	85*110mm	72*190mm	83mm直径
冻干鹌鹑	50g/罐	85*150mm	110*190mm	83mm直径
冻干牛肝粒	100g/罐	85*120mm	80*190mm	83mm直径
冻干蛋黄粒	120g/罐	85*110mm	72*190mm	83mm直径

图 6-10

提示词： a fat (simmental) cattle, full body, white background, hand drawn sketch line drawing, draw by needle pen, sketch, vector needle pen strokes, black and white, highly detailed effects, and high resolution, 8K

图 6-11

建议加入具体的牛类品种名称，比如西门塔尔牛，否则默认生成奶牛图片。另外，可以加入体型修饰词，如 fat，否则牛身体会比较显骨架，鸡、鸭、鱼的图也是一样。另外，加入提示词“full body”可以避免生成动物头部特写图片。

提示词： a white-pekin-duck, whole body white, full body, black and white vector needle pen strokes, white background, line drawing, highly detailed effects, and high resolution. black and white style --ar 3:4

图 6-12

提示词： a black and white vector needle pen strokes of a fat cod,white background, full body,line drawing, realistic and highly detailed effects, and high resolution. the style is black and white realism --ar 6:3

图 6-13

提示词： a black and white vector needle pen strokes of a small cute capelin, white background, full body, line drawing, realistic and highly detailed effects, and high resolution. the style is black and white realism --ar 6:3

图 6-14

提示词： a black and white vector needle pen strokes of a salmon, white background, full body, line drawing, realistic and highly detailed effects, and high resolution. The style is black and white realism --ar 4:3

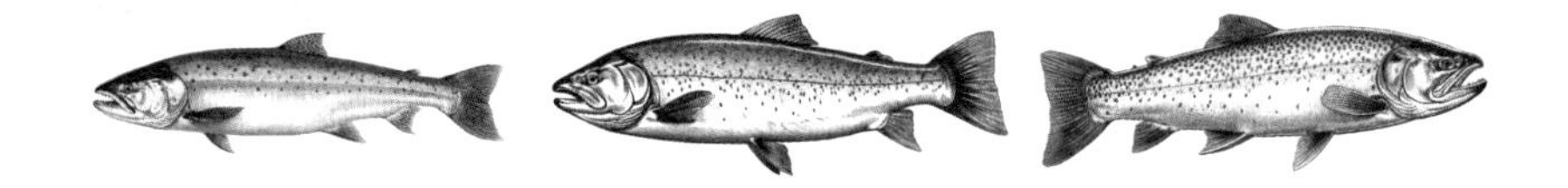

图 6-15

鱼类出图的垫图效果不明显，且有可能影响体态的准确性，依靠完善的提示词可以显著提升图片质量。描述鱼类图片的风格更偏铅笔素描，如果想保持针管笔线描风格，可以尝试去掉非必要提示词，如只保留“a black and white vector needle pen strokes of a fat salmon”，突出风格效果。

比例设置也会影响动物形态准确性，设置符合鱼体本身的比例，可减少出错率。

鱼类目前无法生成尾巴弯曲程度较大的姿态。

最后是鹌鹑、鸡和鸡蛋的出图效果，提示词不再赘述（图 6-16）。

图 6-16

在这个案例中，我总结了几个需要注意的问题。

- 有时提示词“white background”不一定能生成纯白色背景，根据需求可在图像处理软件中进行后期调整。
- 提示词对动物种类形态准确性的影响要大于垫图，可以尝试添加准确的动物品种名称，而不要只输入“chicken/cattle”这样的大分类。
- 改变品种的提示词可能无法统一画面风格，需要你在探索出一个比较普适的提示词后，针对每个动物品种进行调整，如改变风格的词汇，删减非必要提示词等。
- 目前 Midjourney 对各种虾类处于基本无法识别的状态，出图形态多似虫子。

完成了主图的创作，接下来就可以利用我们熟悉的图像处理软件，对主图的细节以及版式进行调整（图 6-17），确定最终方案（图 6-18）

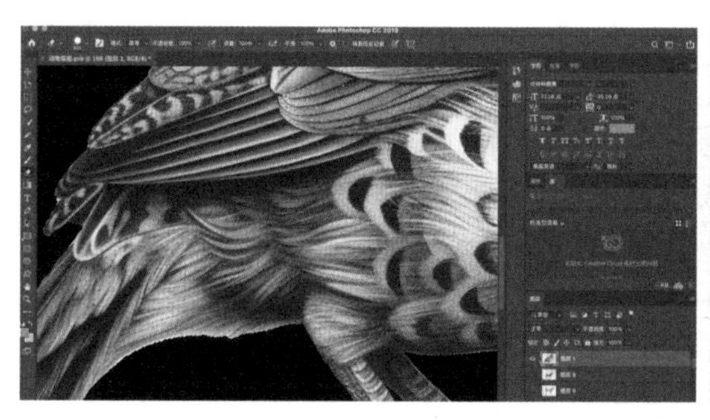

图 6-17

RAW
Premium
Freeze-dried Pet Food
COD COD COD COD
肉食凶猛
宠物零食
冻干鳕鱼
净含量:45g
CHICKEN CHICKEN CHICKEN
冻干鸡肉粒
净含量:90g

RAW
Premium
Freeze-dried Pet Food
肉食凶猛
宠物零食
冻干玉筋鱼
净含量:70g
KRILL KRILL KRILL
冻干磷虾
净含量:50g

RAW
Premium
Freeze-dried Pet Food
QUAIL QUAIL QUAIL
肉食凶猛
宠物零食
冻干鹌鹑
净含量:50g

RAW
Premium
Freeze-dried Pet Food
CHICKEN LOIN CHICKEN LOIN
肉食凶猛
宠物零食
冻干鸡小胸
净含量:90g

RAW
Premium
Freeze-dried Pet Food
SALMON SALMON SALMON
肉食凶猛
宠物零食
冻干三文鱼
净含量:60g

DUCK DUCK DUCK
肉食凶猛
宠物零食
冻干鸭肉粒
净含量:70g

RAW
Premium
Freeze-dried Pet Food
EGG YOLK EGG YOLK
肉食凶猛
宠物零食
冻干蛋黄
净含量:120g

RAW
Premium
Freeze-dried Pet Food
BEEF LIVER BEEF LIVER
肉食凶猛
宠物零食
冻干牛肝
净含量:100g

图 6-18

6.4.3 写实风格包装设计

我们假设要设计一款全新的沙茶酱包装，这款产品要在电商平台详情页展示效果图。首先，我们生成一幅完整的写实风格的产品图，帮助设计师确定大概的产品展示环境及瓶身效果。接着，根据需求，生成产品的标签背景图案及 logo，利用软件排版后，将其“贴”到瓶身上。如果对生成的产品背景不满意，还可以对背景进行单独出图，后期再与产品图合成。这一节主要展示 Midjourney 包装设计的可能性，所涉及的成本、包装材料、产品运输、储存等问题并未严格考虑，大家在实际工作时还需要根据客观情况进行出图调整及后期修改编辑。

首先，我们生成写实风格的产品图（图 6-19）。

提示词： sha cha sauce, packaging design, small transparent glass bottle body, short flat cylindrical jar, paper label, bamboo mat, peanut kernels, garlic, dried shrimp, fresh shrimp, Chinese pepper, garlic chili sauce, photography, high definition, high quality, high detail, 8K --ar 3:4

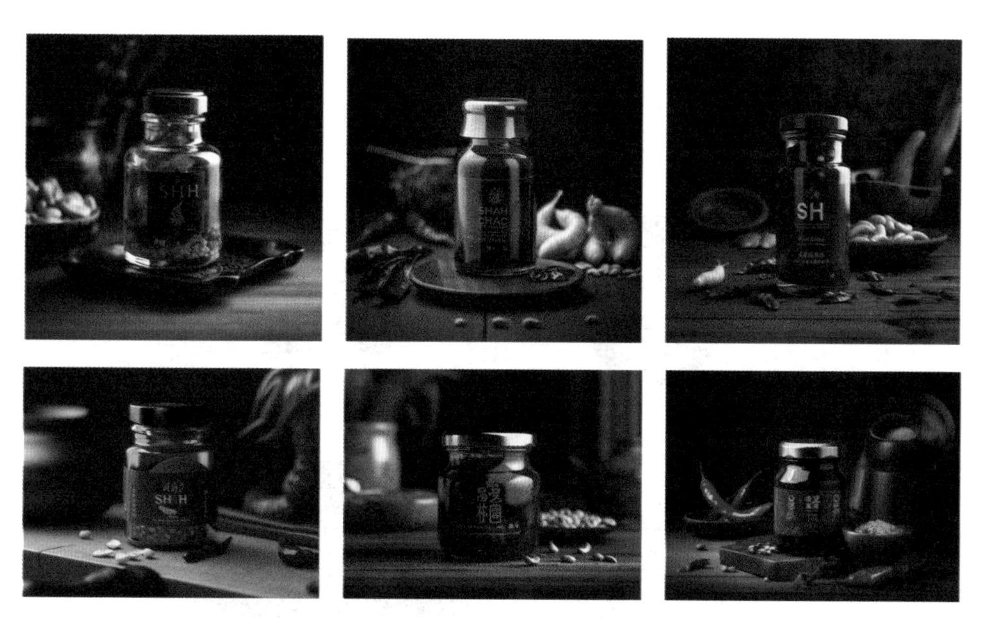

图 6-19

接下来，生成产品的标签背景图以及 logo（图 6-20 和图 6-21）。

提示词： illustration design, sauce making scene, in the style of traditional woodcarving in chaoshan area, high quality, high detail, high resolution, 8K --ar 4:3

图 6-20

提示词： logo design, sand tea sauce, chaozhou culture, chaozhou architecture, Chinese logo, cooking scene, minimalism, simplicity, high definition, high quality, 8K --q 2 --niji 5

图 6-21

在将生成的图片进行整合与处理后，就得到了还不错的效果图（图 6-22）。

图 6-22

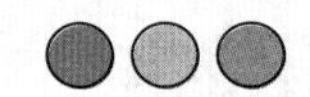

第7章 创意 UI 设计

“

经过多年的发展，如今很多企业中的 UI 设计（也就是 Web 与 App 用户界面设计）已经高度规范化和组件化，但与此同时，新兴风格轮番引领着潮流，对设计师的创造力提出了更高的要求。此外，更具层次感的视觉效果也在挑战着设计师的技能。

”

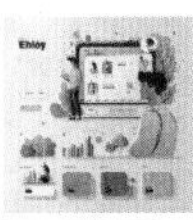

7.1 UI 设计基础

Jesse James Garrett 提出的用户体验 5 个层级，是 UI 设计的指导原则，能够帮助设计师从不同层面和角度考虑用户体验，从而创造出更好的产品和界面设计。

- **战略层：**战略层关注的是产品的整体方向，包括用户定位、业务目标和产品理念等。
- **范围层：**范围层关注的是产品的功能和内容。
- **结构层：**结构层关注的是产品的信息结构和组织方式。
- **框架层：**框架层关注的是产品的页面和信息层级的设计，包括页面布局、内容呈现、交互元素等。
- **表现层：**表现层关注的是产品的视觉效果和交互细节，包括色彩、字体、动效等。

UI 设计既要考虑到用户、品牌、业务等战略指导性因素，又要关注交互、布局、视觉等产品设计要素。在运用 Midjourney 进行设计时，也可以依据这 5 个层级来提炼、组织提示词，使出图效果更加准确和贴近需求。

需要注意的是，Midjourney 在不同层面的介入程度是有差异的。目前来看，它的能力主要作用在框架层和表现层（图 7-1）。Midjourney 可以生成配色方案，以及图标、插画、按钮等视觉元素，并且可以提供一些页面布局方案作为参考。

图 7-1

◆ UI 设计师怎样用好 Midjourney

从 UI 设计的流程来看，目前 Midjourney 主要能够在框架层和表现层发挥作用，其优势具体表现在以下几个方面。

- **提高设计效率：**利用 Midjourney 生成设计元素，例如图标、布局、颜色等，来减轻工作负担，提高设计效率。设计师可以在基础元素上进行修改和创新，节省时间成本。
- **提高设计准确性：**Midjourney 可以根据提示词准确地把握产品的设计风格，从而辅助设计师更好地制定满足用户体验、产品目标的设计策略。

- **提高设计创造性：**Midjourney 可以生成新颖、有趣的设计元素，从而提高设计创造性。自动生成的设计元素可以作为设计师的灵感来源，启发设计师进行更具创意和独特性的设计。

在本章中，我们将从用户界面（UI）设计、UI 图标设计、UI 运营设计 3 个方面解析 Midjourney 的用法和用例。UI 界面设计部分主要介绍 Midjourney 如何帮助设计师更快速地生成整体界面；UI 图标设计部分主要介绍 Midjourney 如何帮助设计师更高效地输出页面中的图标元素；UI 运营设计部分主要介绍 Midjourney 如何提供设计思路和资源，帮助设计师更好地设计 UI 中常用的插画、banner、引导页等视觉内容。

7.2 UI 界面设计

Midjourney 输出的界面设计稿可以为设计师提供全面的设计建议，例如配色方案、版式布局、组件样式、字体选择等，这些建议可以为设计师提供从整体设计风格到细节处理的全面指导，从而使设计更加完整和专业。此外，由于 Midjourney 利用机器学习技术生成设计稿，因此输出的设计方案可能会具有不同寻常的美学特点和视觉效果，这可以帮助设计师开拓思路，提高创意水平。

在输出 UI 设计时，建议切换到 v4 模型版本。相比 v5 版本，v4 版本在输出 UI 设计图方面效果更佳。

7.2.1 提示词公式

在 Midjourney 中，UI 设计的出图效果主要会受到页面主体、输出形式、色彩配置、设计风格和参考源的影响。因此，为了更好地实现 UI 界面的出图，我们可以在提示词构思过程中融入这些要素，得到如下通用公式（图 7-2）。

主体（界面描述）	风格	参数
（界面类型/业务/内容/用户/品牌/构图）	（风格/色彩/材质/光线）	（品质/后缀）

图 7-2

综合多方面的要素，设计师可以更有针对性地运用 Midjourney 进行 UI 设计的出图工作，提高作品的质量和效率，同时也可以更好地实现自己的设计理念和风格。

7.2.2 UI 设计思路

1. 设计主体

◆ 业务 / 内容 / 用户 / 品牌

页面主体即对设计对象的具体描述，通常可以使用“UI design for+ 设计内容 + 设计定位”“The UI design of + 设计内容 + 设计定位”的句式，注意强调“UI design”“UI/UX”等词汇。描述设计内容的提示词通常来自战略层和范围层，包含产品的业务类型、品牌特色、用户定位和主要功能，具体描述产品定位会引导界面的视觉风格走向。我们可以从这几个角度提炼描述设计主体的提示词：这个界面是做什么的（服务类型、品牌理念）；这个界面是给谁用的（目标用户、用户特征）；这个界面能提供什么服务（主要功能、主要元素）。

接下来，我们以一个服务企业客户的网站的页面设计为例，根据产品定位来撰写描述语句，并丰富页面内容，出图效果如图 7-3 所示。

提示词： UI design of a BtoB service product introduction page, the top of the page includes a logo and a clear call-to-action button, and a feature section that highlights the product's key features and benefits, web design, with a color scheme of blue and white, vector design, clean, trust and reliability, Dribble, HQ, 8K, high detail, --ar 16:9 --q 2。

图 7-3

◆ 界面类型

输出类型即确定用户界面的载体类型，告诉 Midjourney 产品是用在移动端还是 PC 端，这会影响输出界面的布局方式。这里列举一些常用界面类型的提示词：mobile App、App page（手机移动端界面）、web design、web page（PC 端界面）以及 tablet page（平板端界面）。

此外，Midjourney 也可以输出特殊的界面类型，如车机界面（HMI）、可视化大屏界面（FUI）等。

> **通过“macbook pro mockup”“iPhone mockup”等提示词给界面增加对应的设备外框，也可以用“--no”命令去除外框。**

2. 参数设置

◆ 色彩配置

在 UI 设计中，配色往往取决于品牌形象和用户定位。如果对于产品有明确的配色方案，可以输入相应的色彩提示词，对界面的整体配色进行定义，也可以使用一些色彩调节提示词来改变色彩调性。

这里列举了一些常用的色彩提示词，可以帮助设计师在 Midjourney 中更好地定义和调节色彩。

“颜色 +element”或“颜色 +background”，用于定义界面元素色彩和背景色。这是最基本的色彩提示词组。例如，我们希望界面的背景是纯白色、则可以使用“white background”这一提示词。

“gradient”（渐变色）使输出的色彩带有渐变效果，产生更加丰富和有层次的视觉效果。

“dark”（深色）使界面元素的颜色偏向深色调，UI 元素的色彩对比度也会增强。

“bright color”会提高界面的色彩明度，“high/low saturation”为调节色彩饱和度，不同明度、饱和度的色调也会影响 UI 风格。通过这些提示词，设计师可以更好地调节 UI 的色彩，以实现更贴近需求的设计效果。

◆ 设计风格

目前，Midjourney 可以表现一些流行的视觉风格，包括 flat design / vector design（扁平化 / 矢量插画风格，图 7-4）、material design （材质设计，图 7-5）、neumorphism （轻拟物质感，图 7-6）、frosted glass feel（毛玻璃质感，图 7-7），使用相应的提示词可以使效果更加明确。

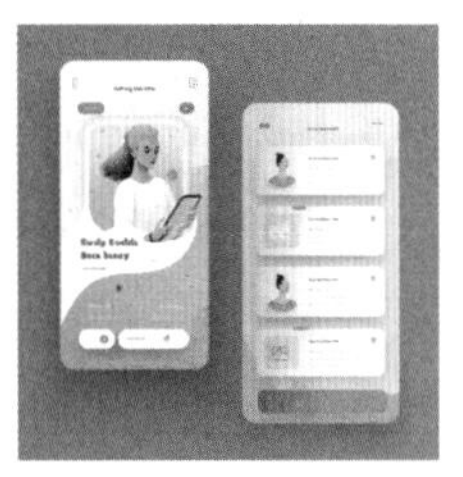

图 7-4

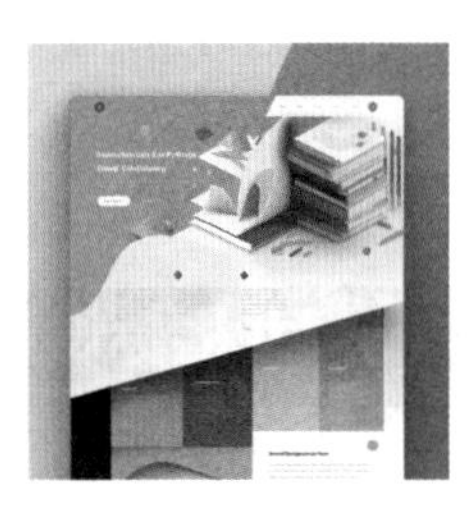

图 7-5

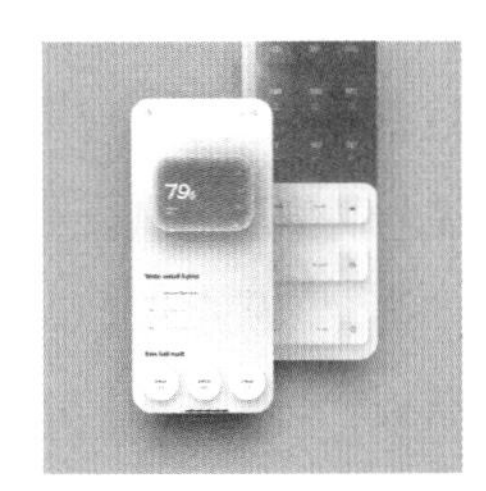

图 7-6

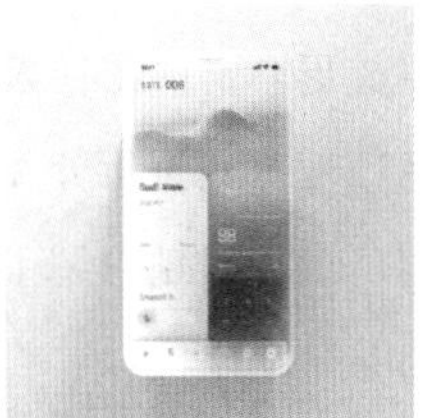

图 7-7

目前 Midjourney 并不能完全理解 neumorphism（轻拟物质感）和 frosted glass feel（毛玻璃质感）两种风格，我们需要通过垫图的方式帮助 AI 学习，确保出图符合自己的预期。

除此之外，还可以补充表达情感倾向的词汇，使效果更贴合需求。例如，technology（科技风）、minimalistic（极简风）和 futuristic（未来风）等。

界面的视觉效果也会受到设计工具和流行趋势的影响，而一些知名的设计社区、设计网站的名字可以作为参考源，比如添加“Dribble”“Behance”“Pinterest”“Figma”等提示词在一定程度上可以使界面风格更趋向主流。

最后，如果想要使得 UI 界面的层级关系与布局样式更加精致清晰，可以添加质量、细节等辅助性的词汇提升出图效果。提示词“high detail”“high resolution”等可以进一步丰富细节；提示词“8K”“HQ”等则可提升出图的精细度。

7.3 UI 图标设计

图标是 UI 的重要构成元素，起到指示和引导用户操作、美化界面设计的作用。如今的图标设计风格越来越多样化，不再局限于平面，更具立体感和精细度的 2.5D、3D 图标近来也颇受欢迎。同时，毛玻璃风格、轻拟物风格等更多个性化的风格也逐渐得到关注和应用。这些不同的风格可以帮助设计师更好地表达品牌特色和风格，从而提升品牌的识别度和用户的体验感。然而，多样化的图标设计风格也给 UI 设计师带来了新的挑战。随着图标设计的不断发展，这需要设计师投入更多的时间和精力来学习和使用 3D 建模工具和技术，或是花费更多时间打磨 2D 图标的细节。

合理运用 Midjourney 能够帮助设计师减少图标设计的时间成本，同时也能够帮助设计师生成更丰富的图标素材，保持设计的创新性和独特性。本节将根据图标设计的使用方式和精细度对其进行分类，介绍如何利用 Midjourney 生成不同级别的图标。通过这种方式，我们可以更好地理解不同级别图标的设计特点和使用场景，并运用 Midjourney 生成符合需求的图标设计。

7.3.1 图标分级及应用场景

根据精细度的不同，图标可以分为 3 种类型，分别对应特定的应用场景。

一类指示性图标，通常采用 2D 扁平化风格，视觉上较为一致，分为线性、面性、线面结合几种，是常见的图标类型，作为界面中的提示符帮助用户快速辨认和记忆界面信息。

二类引流性图标，通常采用 2.5D 或 3D 风格，具有一定的立体感，色彩鲜明、风格多样，主要用于增加视觉层次，加深用户对于界面信息的印象。这类图标的用法比较多，常用在页面中的黄金区、分类区、信息卡片等视觉重点区域，也被用于会员、奖励等板块以增强情感调性。

三类装饰性图标，通常采用 3D 风格，并带有一些装饰元素，具有更真实的立体感，能够产生强烈的视觉冲击，吸引用户注意力，增强视觉体验，常用于宣传、广告营销或情感化板块。在许多 B 端产品中，具有科技感的 3D 渲染图标也被大量用作页面装饰图，以增强品牌调性。

使用 Midjourney 生成不同类型的图标时，提示词的描述方式也会有所不同。理解准确的描述方式能够使生成的图像更加符合需求，并且提高图标的精细度和美观度。在 7.3.3 节中，我们将根据 3 种图标类型在提示词描述上的共性和差异性进行详细解析。

7.3.2 提示词公式

图标设计的出图效果主要受到主体内容、背景设置、色彩配置、设计风格、参考源等因素的影响。经过实践，我们得到了如下提示词公式（图 7-8）。

图 7-8

上述通用公式为图标设计提供了一种基本的提示词使用规则。但是，不同类型的图标需要针对其特性进行微调，以确保提示词的准确性。我们将根据不同类型的图标特性，详细解释提示词的应用，包括如何根据不同类别的图标选择和组合提示词，如何准确描述二类和三类图标的场景细节，以及如何增强图标的表现力。

7.3.3 应用解析

我们接下来以“火箭加速图标”为例，讨论提示词应用的具体方式，并根据一类、二类、三类图标的不同设计需求进行详细解析。

1. 一类指示性图标

指示性图标的设计较为简洁且扁平化，通常由简单的几何图像或线条构成，因此提示词主要描述其基本形状与配色等特征即可。

◆ 图标样式

“linear/lineout”（线性设计）图标的出图效果如图 7-9 所示。

提示词： a rocket icon for BtoB service web, white background, a blue and white scheme, with lineout design and without color fill, business and technology style, minimalist design, Dribble, Pinterest, iconfont, 8K, HQ

图 7-9

“fulling”（面性设计）图标的出图效果如图 7-10 所示。

提示词： a rocket icon for BtoB service web, white background, a blue and white scheme, with fulling design, business and technology style, minimalist design, Dribble, Pinterest, iconfont, 8K, HQ

图 7-10

◆ 图标配色模式

假设以蓝色为“火箭图标”的主色，在“blue”（蓝色）的基础上加上提示词“monochromatic”

（单色配色）就会生成蓝色系单色配色的图标方案（图 7-11）。

提示词： a rocket icon for BtoB service web, white background, with a blue monochromatic color scheme, professional appearance, in a minimalist style, Dribble, Pinterest, 8K, HQ

图 7-11

- polychromatic（多色配色）

还是以蓝色作为图标的主色，在“blue”（蓝色）的基础上增加提示词“polychromatic”（多色配色）就会生成以蓝色为主色调，但色彩更丰富的图标设计方案（图 7-12）。

提示词： a rocket icon for BtoB service web, white background, a blue polychromatic color scheme, in a minimalist design, professional appearance, Dribble, Pinterest, iconfont, 8K, HQ

图 7-12

2. 二类引流性图标

引流性图标通常以独立小场景的形式呈现，构成元素更加丰富，因此可以在提示词中融入更加丰富的细节描述，比如增加环境中的光影效果，运用“shadow”“lighting”等细节描述，丰富视觉效果。在色彩上可以运用“gradient”“bright color”（亮色）“high/ low saturation”等提示词丰富配色方案。此外，“2.5D”“isometric”（等距视角）可以运用在视觉优先级较高的引流图标中，带来更加生动和有趣的视觉体验（图 7-13）。

提示词： an icon design for data service icon with a rocket, in blue color, studio lighting, isometric, 2.5D, technology sense, delicate texture, industrial design, high details, 8K, HQ

图 7-13

3. 三类装饰性图标

第三类图标具有装饰性质，立体感和空间感更强。在实际设计中，为了增强视觉冲击力，我们后期还要使用三维软件对图标进行建模，因此需要考虑合适的渲染工具，并关注渲染环境、渲染角度、渲染质感、渲染器等，增强视觉风格。

"metallic feel"能赋予图标金属质感，如图 7-14 所示。

提示词： a rocket icon designed for data service products, studio lighting, in blue color, isometric, 3D, metallic feel, transparent, technology sense, industrial design, delicate texture, Blender, high details, 8K, HQ

图 7-14

"frosted glass feel"让图标有了毛玻璃质感，如图 7-15 所示。

提示词： a rocket icon designed for data service products, studio lighting, blue color, isometric, 3d, metallic feel and frosted glass feel, transparent, technology sense, industrial design, delicate texture, blender, high details, 8K, HQ

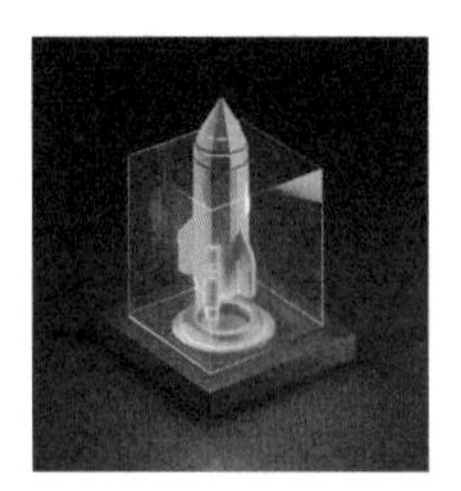
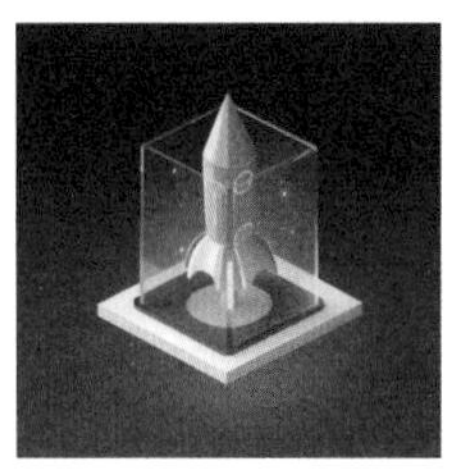
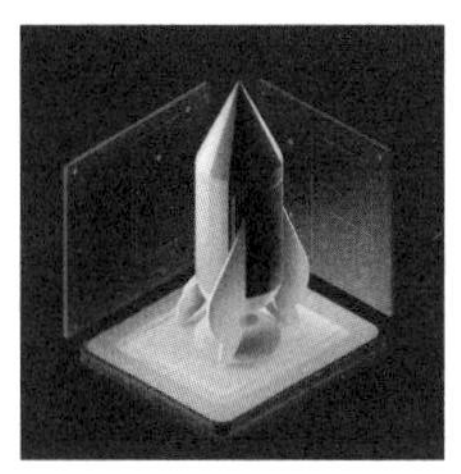
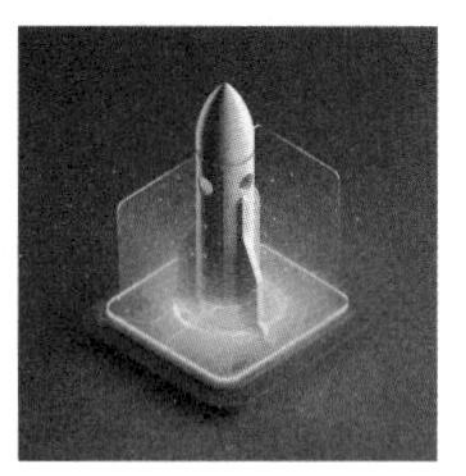

图 7-15

7.3.4 运用垫图优化图标

针对图 7-16 所示的语音助手悬浮图标，我们希望对设计做优化，使机器人图案更有立体感。

为了获得上述效果，我们需要对其进行描述，之后会得到一组图片（图 7-17）。

提示词： a 3D icon of a cartoon robot, white and blue color, in a blue linear gradient and clean background, 3D style, C4D, Blender, 8K, HQ, high details --s 250 --niji 5

图 7-16

图 7-17

我们选取一个比较满意的图像（图 7-18），并通过设计软件进行微调和规范化处理，最终得到了耳目一新的方案（图 7-19）。

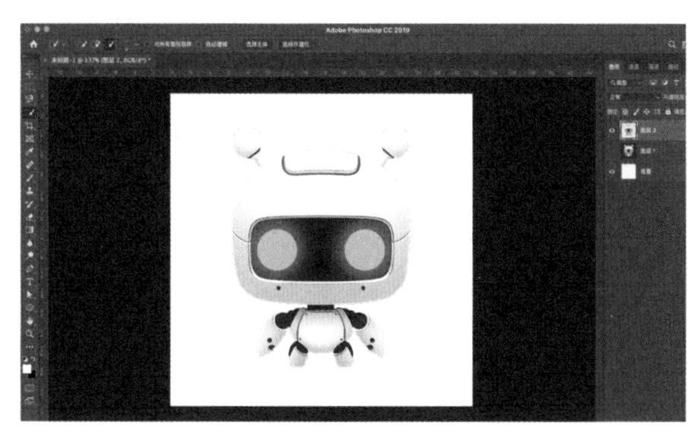

图 7-18

图 7-19

7.4 UI运营设计

插画在UI设计中占据着非常重要的地位，它为用户呈现更加生动、有趣和具有情感的界面效果，帮助用户更好地理解页面的功能，是提升用户体验的“必杀技”。

然而，制作插画需要花费较多的时间和精力，而且设计师可能偶尔会陷入灵感的瓶颈。此时，使用Midjourney生成UI插画可以为设计师提供更多有趣、新颖的素材和资源，帮助设计师更快地实现创意，同时也减轻了工作压力。在这一节中，我们将详细阐述使用Midjourney生成UI插画的具体思路和步骤，帮助设计师更好地掌握和利用这个工具。

7.4.1 提示词公式

影响UI插画出图效果的提示词主要有设计主体、设计风格、背景设置、色彩配置、设计风格、参考源等，经过反复的实践，我们总结出如下提示词公式（图7-20）。

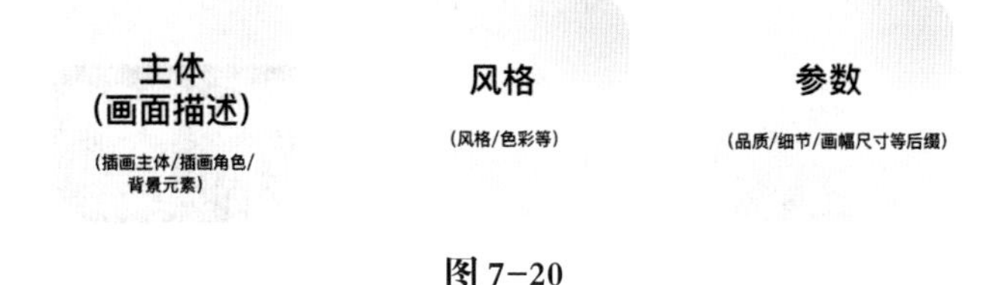

图7-20

7.4.2 应用解析

我们将以B端服务产品中的UI插画设计为例，来具体解析提示词的应用方法。为了方便描述，我们定义了具体的设计需求：B端产品人物插画，表现商务场景，体现专业、安全的视觉感受。

使用v4、v5、niji模型生成的UI插画风格有所不同，在以下的案例中，我们使用的主要是niji 5和v5模型，确保出图质量符合需求。

1. 主体内容

◆ 插画场景

场景是插画的具体内容，即描述插画所表达的意思。我们可以根据插画的功能、产品定位、产品调性来定义提示词。我们可以采用“an image/illustration of...”这样的表达方式，比如根据上文中设计 B 端产品插画的需求，我们可以提炼出“专业”“安全”“商务场景”这几个提示词，并根据这些提示词组成描述语句“an illustration of a business scenario with a sense of security and professionalism”。

◆ 插画角色

角色是插画的视觉核心，能够传达插画的含义与情感等重要信息。插画的角色主要是人物，但是根据不同产品的需求，也可能是动物或是品牌 IP 等对象。描述角色的提示词主要包含动作、情绪和数量，必要时也可添加性别、职业等细节丰富角色形象。

角色的动作与产品功能和业务相关，例如根据上文中“B 端服务产品插画”的定位，可以使用“办公”“开会”“讨论”等表现角色动作的提示词。角色情绪可以传达插画的含义，例如“思考”能表达“问题求助”的含义，而“微笑”可以表达“友善”的含义。角色数量则与场景的丰富程度有关，多角色场景通常较之单角色场景给人更丰富的视觉感受。此外，角色的性别、职业等细节要素，能够使插画主题更加突出，通常可以根据产品定位提炼适当的提示词，例如根据“商务产品”的定位，可以选择“商务人士”“专家”等提示词突出特征。下面我们提供了一个案例来展现插画角色的描述方式，结果如图 7-21 所示。

提示词： an illustration of a business scenario GUI, with a businessman using a computer, thinking face, delicate facial features, blue color, white and clean background, clean design, vector, flat design, Dribble, 8K, HQ --q 2 --niji 5

图 7-21

如果想要制作便于处理、可重复利用的角色素材，可以适当减少对插画场景和背景细节的描述，使角色的细节更加突出（图 7-22）。

提示词： an illustration of a businessman using a computer, thinking face, delicate facial features, blue color, white and clean background, clean design, vector, flat design, Dribble, 8K, HQ --q 2 --niji 5

图 7-22

2. 背景设置

◆ 背景环境

背景环境可以理解为插画中角色所处的场所或空间，它与插画所表现的业务场景和功能有关。例如商务办公场景会以“办公室”“会议室”“城市建筑”为背景环境，但如果是商务差旅场景，则可用“交通工具”“户外”作为背景环境。

◆ 背景元素

背景元素不仅能点缀插画，增强视觉效果，也能表现含义和功能。背景元素主要可以分为业务元素和装饰元素。业务元素是信息传达的载体，能够帮助用户理解插画的含义，例如“城市建筑”这一元素可以突出B端产品的业务场景。装饰元素则起辅助作用，用以完善画面场景，丰富视觉体验，这些元素通常是一些“绿植”“家具”等装饰品，也可以是一些图标符号。

◆ 背景色

背景色能够体现插画的风格调性，通常与主色调有关。在提示词构建上可以用“颜色+background”的形式表述，也可使用“dark background”（暗色背景）和“light background”（浅色背景）来调节深色模式和浅色模式。

在使用Midjourney生成UI插画时，通常存在背景图案细节混乱和元素缺失的问题，为此，可以单独制作线条清晰的背景图，通过后期加工组合成完整的插画。下面提供了一个B端服务产品插画中常见的城市建筑背景插画的案例（图7-23）。

提示词： an illustration of a clean background, with the contour of city building elements, white back ground, light blue color, minimalist, blue color, vector, flat design, Dribble, 8K, HQ --q 2 --niji 5

图 7-23

◆ 色彩配置

插画的色彩配置包括色彩搭配和色彩调节两个方面。在色彩搭配方面，需要考虑插画的主色和辅助色之间的比例关系，在有多种对比较大的色彩的情况下，可以通过“::+ 数值”的形式定义不同色彩的权重，避免主色和辅助色混淆，如“blue::2 and tangerine”表示蓝色比橘色重要 2 倍。

图 7-24 所示的案例展示了权重值对色彩分配比例的影响，以蓝色和橘色的配色为例，当未输入权重值时，亮色比重接近，无法区分主次；而当其中一种色彩的权重值变大，该色彩在画面中的占比也变得更多。

提示词： an illustration of business with a guy using a computer, blue and tangerine/blue::2 and tangerine/blue and tangerine::2 color, on a white offecial background, vector, flat design, Dribble, 8K, HQ --v 5

blue and tangerine　　blue::2 and tangerine　　blue and tangerine::2

图 7-24

> 需要注意的是，通过“::+ 数值”所调配的颜色比例并不是绝对的，只能代表大致的强弱关系。此外，“::”后的数值不能过大，否则会被误认为是某种特殊风格或某种特定对象，导致出图结果偏离主题。

在色彩调节方面，可以考虑色彩的明度、饱和度等要素使用相应的提示词，如“bright/light/dark color”（亮色 / 浅色 / 深色）等。

◆ 设计风格

UI 插画的设计风格可以从设计流派和情感调性两个角度来分类。

设计流派的差异是由插画的不同创作方式所产生的，目前在 UI 设计中比较流行的是扁平风格的插画，我们在上面的案例中所展现的效果也是以扁平风格为主。此外，线条风格、手绘风格、几何风格也是平面插画常见的流派。在 Midjourney 中，v4、v5 和 niji 模型对插画的视觉效果会产生一定影响。v4 模型生成的插画线条比较清晰、硬朗，色调偏暗，整体风格比较复古；v5 模型生成的插画色调较为明亮，背景和主体的对比度较大，线条相对柔和，适用于风格相对成熟的产品界面；niji 模型生成的插画色调鲜亮、活泼，轮廓清晰，卡通画特征明显，适用于年轻化或儿童化倾向的产品界面。图 7-25 展示了 3 种模型出图风格的对比。

提示词： a business illustration, a guy using a computer, on a white office background, blue and tangerine vector, flat design, Dribble, 8K, HQ --q 2 --niji 5/v5/v4

v5

v4

niji 5

图 7-25

随着 UI 界面设计的发展，插画设计也不再拘泥于平面风格，立体化、更具视觉冲击力的插画风格也在不断出现，一些 2.5D、3D 风格插画逐渐流行。相比于平面插画，立体插画的提示词构成更加复杂，需要增加更多与环境、灯光、渲染方式相关的提示词。

要想制作2.5D场景插画（图7-26），可增加“2.5D”“isometric”等提示词。

提示词： a 2.5D illustration of business with a guy using a computer, white background, blue color, 2.5D, isometric, clean design, technology sense, industrial design, delicate texture, Dribble, high details, 8K, HQ --q 2 --niji 5

图7-26

除了设计流派之外，情感倾向类的提示词也影响着插画的视觉效果，我们可以根据需求选择适当的提示词。以案例中的“B端服务产品”为例，可以选择“technology sense”（科技感）、“professional”（专业）等提示词以获得更加贴合需求的效果。

◆ 参考源

与界面设计和图标设计类似，可以在提示词中增加一些设计类网站的名字，使得插画的风格更加符合当前的流行趋势。

◆ 质量参数和细节参数

与图标设计中类似，我们可以使用“high details”（多细节）和“delicate texture”（精致纹理）等提示词增加出图精细度，并通过质量参数“8K”“HQ”“HD”优化出图效果。

◆ 画幅尺寸

UI插画的使用目的多种多样，通常用于界面banner（横幅广告）、移动端启动页、海报弹窗和功能示意，因此在画幅尺寸上也有不同的规范，我们可以在Midjourney中通过“--ar”设定画幅参数，使插画的比例与其用途更加匹配。下面是一些常用的运营插画尺寸（单位为逻辑像素），供大家参考。

320 × 100：常用于移动端顶部的大横幅运营广告。

300 × 250：常用于移动端的文章内容。

1920 × 540：常用于 Web 大屏主视觉 banner。

336 × 280：常用于网站侧边栏或正文内容。

300 × 600：常用于网站右侧的长图广告。

3. 其他参数设置

◆ 通过“--stylize”值控制设计风格

--stylize 可影响插画风格的艺术性程度，--stylize 的数值范围为 0 ～ 1000，数值越大，艺术性越强，但与描述的内容差异越大，反之亦然。利用 --stylize 数值能够控制插画的风格，避免偏离预期，同时，适当调整 --stylize 值也能带来一些出乎意料的效果。我们在案例中展示了 --stylize 值分别为 50/100/250/500 时的出图效果（图 7-27）。

提示词： an illustration of business with a guy using a computer, on a white office background, blue and tangerine vector, flat design, dribble, 8K, HQ --q 2 --stylize 50/100/250/500 --q 2 --niji 5 --seed 401275931

图 7-27

◆ 通过“--seed”值调整插画细节

使用 --seed 值调节配色等参数，这种方式在插画设计中同样适用。通过提取 --seed 值，我们能够在不改变画面基本构图和画面风格的情况下，调整画面细节，比如替换一种配色或是改变角色状态。我们在这里提供了两个案例。

针对颜色参数调整的效果如图 7-28 所示。

提示词： an illustration of business with a guy using a computer, on a white office background, blue and tangerine/blue and magenta/purple, vector, flat design, Dribble, 8K, HQ --q 2 --s 50 --niji 5 --seed 401275931

blue and tangerine

blue and magenta

purple

图 7-28

针对角色特征调整的效果如图 7-29 所示。

提示词： an illustration of business with a guy/a woman/a businessman using a computer, on a white office background, blue and tangerine, vector, flat design, Dribble, 8K, HQ --q 2 --s 50 --niji 5 --seed 401275931

a guy

a woman

a businessman

图 7-29

7.4.3 B 端产品 UI 插画案例

我们曾为某个在线办公产品设计了一个 banner，引导用户下载新版本。

首先，根据需求提炼出提示词，如“办公”“B端”等，并根据提示词获得主视觉图（图 7-30）。

提示词： a 2.5D illustration of business with a guy using a computer, white background, blue color, 2.5D, isometric, clean design, technology sense, industrial design, delicate texture, Dribble, high details, 8K, HQ --q 2 --niji 5

接着，联想与产品需求相关的设计元素作为背景装饰素材，这里采用了“齿轮”这一代表“效率”的图案形象（图 7-31）。

提示词： a flat illustration of a gear, white background, blue color, vector, flat design, clean design, Dribble, high details, 8K, HQ --q 2 --niji 5

图 7-30

图 7-31

最后，将生成的主图和素材以合理的方式融入 banner，获得完整的设计方案（图 7-32）。

图 7-32

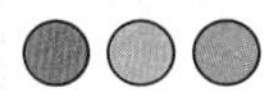

第8章 漫画设计

“

漫画设计不仅仅是对漫画作品的设计，也是动画、动漫等影视作品创作的前期工作，其内容包括角色设计、场景设计、故事情节设定等，旨在通过图像来表现故事情节、角色形象和场景构建等要素。漫画设计在动漫影视作品创作中扮演着非常重要的角色，能够直接影响成片的叙事效果和艺术表现力。

”

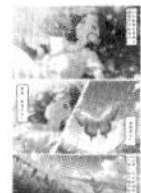

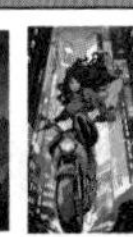

8.1 漫画设计要素

Midjourney 的介入可以有效帮助创作者自动生成漫画和动漫作品的基础设计，如角色设计和场景分镜设计等，释放创作者的时间和精力，让他们更加专注于创作和创意。在本章中，我们主要介绍使用 Midjourney 辅助生成角色概念图和分镜图的方法。

漫画设计主要包含了角色设计、场景设计、故事情节设定、艺术风格设定和分镜设计等。

◆ 角色设计

漫画角色是漫画作品的核心要素之一，角色设计需要从多个角度考虑，包括角色的外形、服装、发型、身材，以及角色的性格和行为特点。通过深入的角色分析和设计，能够让角色更加立体和生动。

◆ 场景设计

场景是漫画作品中非常重要的一部分，它能够为故事情节提供背景和氛围，通过场景设计能够让读者沉浸在故事情境中。场景设计需要考虑场景的构建和细节表现，包括背景、构成要素和气氛等方面。在场景设计中，要特别注重细节的表现，以便突出场景的独特性和美感。

◆ 故事情节设定

故事情节是漫画作品的灵魂所在，因此在漫画设计中的情节设定，要兼顾故事的主题、情节转折点以及人物关系，以便让故事更加有说服力和引人入胜。

◆ 艺术风格设定

不同的艺术风格能够带来不同的视觉效果和情感体验。在漫画设计中，需要根据故事情节的需要和目标读者的喜好，选择合适的艺术风格，以便让漫画更加吸引人。

◆ 分镜设计

分镜设计是指将故事情节通过画面、布局和镜头等手段进行视觉化呈现的过程，是漫画设计中非常重要的一环。漫画分镜设计需要考虑故事情节、画面构图和镜头切换等方面的问题，以便让漫画作品更加生动、有力地表达出来。

8.2 Midjourney 漫画角色设计

8.2.1 提示词公式

角色是漫画作品的主体，漫画角色设计的提示词逻辑与 IP 形象设计类似，但在角色设计中还需要着重体现角色的情绪、动作以及故事感。在 Midjourney 中描述角色，重点要体现角色的外貌、装扮、表情、动作，以及镜头视角、美术风格和参考源等。我们将提示词总结成如下公式（图 8-1）。

图 8-1

8.2.2 漫画角色设计应用解析

1. 绘制角色概念图

在角色构思的初始阶段，我们可以利用 Midjourney 快速生成概念参考图，激发创意灵感。绘制概念图时需要细致描述角色的主体特征以及风格调性，这里我们以“花木兰”这个角色的设计为例进行阐述。

◆ 角色主体

在角色设计中，我们需要根据前期构思提炼出人物的关键特征，详细描述外貌、装扮、表情、动作等要素，使角色形象更加生动，更贴近理想状态。比如，我们在塑造“花木兰”这个角色时需要从外貌上突出“中国少女”“巾帼英雄”等属性，从表情上体现她的“坚定果敢”，在动作上抓住她“从军”“习武”的经历进行刻画。

◆ 背景环境

角色概念图通常用作角色方案的参考，使用纯色、干净的背景更能突出主体形象，因此，我们可以选择“white clean background”（白色干净背景）和“solid background”（纯色背景）这类的提示词。

◆ 视角镜头

镜头视角类的提示词能帮助我们实现专业的构图，比如需要展示角色整体效果时，可以采用“full length shot/full body”（全身像）；如果要展示某部分细节，则采用“close-up shot”（特写）。

◆ 美术风格

美术风格是指漫画作品所采用的艺术表现手法，它不仅能够为作品赋予独特的个性，同时也能够影响读者的体验。漫画风格可以按照日式漫画、美式漫画分类；也可以按照流派分类，比如萌系漫画、科幻漫画、硬派漫画，等等。考虑到“花木兰”是具有中国色彩的角色，我们在这里使用“Chinese painting”（中国画风格）。

◆ 参考源

参考源是漫画风格的灵感来源，能够进一步强化风格特点。参考源可以是漫画家或者漫画社的名称。在下面的案例中，我们选择的参考源是与中国画美术风格较为贴切的国画家、动画工厂名称。

综合上述解析，我们可以得到下面的“花木兰”角色概念图（图 8-2）。

提示词： a comic character picture of Mulan, a Chinese young woman and a heroine, wears a red loose robe and black loose pants and also wear a golden armor, with a determined expression on her face, practicing kongfu, doing a jump movement, on a white clean background, in Chinese ink painting style, refer to Xu Beihong, Zhang Daqian, delicate details, 8K, HQ --s 250 --niji 5

图 8-2

图 8-2（续）

2. 绘制角色细节图

在漫画角色设计中，除了表现主视觉之外，还要绘制角色的多个角度的外观、表情、动作，全面地展现角色形象。在 Midjourney 中我们也可以利用相关的提示词，获得丰富的角色细节设计图。

◆ 多视角图

在提示词中增加“three views/multi-view+ 具体视角”生成不同视角的角色图（图 8-3）。

提示词： a comic character design about Mulan practicing kongfu, Mulan is a young Chinese heroine with a symmetrical figure and a delicate face, her long hair is tied up in a simple bun, and wears a red loose robe and black loose pants, with a determined expression, on a white clean background, full length shot, three views, in front view, in side view and in back view, Chinese ink painting style, expressive, refer to Shanghai Animation Film Studio, delicate and clean details, 8K, HQ --style cute

图 8-3

图 8-3（续）

- **表情图：**在提示词中增加“face/expression close up（面部 / 表情特写）+ 具体表情”可以获得生动的表情图（图 8-4）。

提示词：a comic character design about Mulan, Mulan is a young Chinese heroine with a symmetrical figure and a delicate face, her long hair is tied up in a simple bun, and wears a red loose robe and black loose pants, with a determined expression, on a white clean background, face close-up, with different expressions, with smile face, cry face and anger face, Chinese ink painting style, expressive, refer to Shanghai Animation Film Studio, delicate and clean details, 8K, HQ --style cute

图 8-4

8.3　场景分镜设计

8.3.1　提示词公式

漫画具有连续性和故事性，分镜设计也是动画、漫画设计的重点。Midjourney 可以帮助我们快速搭建分镜框架，并获得更多构图灵感，提高创作效率。在设计分镜时需要注意故事描述、场景环境、镜头视角、美术风格、参考源等主要提示词。我们将漫画分镜的提示词公式总结如下（图 8-5）。

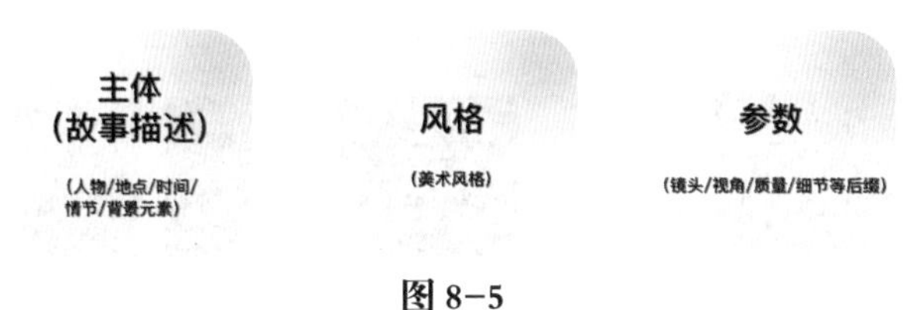

图 8-5

8.3.2 分镜设计应用解析

1. 使用 ChatGPT 编写分镜脚本

漫画分镜通常是以故事脚本为基础绘制的，在 Midjourney 中制作长篇漫画时，为了保证画面的精细度和还原度，需要将脚本拆解，转化为提示词公式，逐条输出画面。这个步骤通常由漫画师完成，但现在我们也可以运用 AI 工具进行润色。这里我们运用 ChatGPT 进行示范，对脚本进行细化。

在“花木兰参军”的故事中选择一个“花木兰的军营训练”片段，使用 ChatGPT 将该片段扩充为“立志”“障碍训练”“剑术训练”“射箭训练”“最终试炼”等几个小片段（图 8-6）。

图 8-6

再选择“最终测试”这个小片段进行扩充，使用 ChatGPT 将人物神态、环境氛围、镜头语言进一步细化，并将这个片段按照情节推进顺序划分为 4 个分镜（图 8-7）。

图 8-7

2. 提炼脚本提示词

将“最终测试”的 4 个分镜按照“故事描述 + 场景环境 + 参数设定”的提示词公式逐一转化为 Midjourney 中的描述语句。我们以“场景 1- 等待”为例详细解析。

通过场景 1 中的“外景”“白天”“花木兰和其他士兵站在一处广场上”“他们都很紧张，但看起来也很坚定”等信息，我们可以提炼出如下面范例所示的故事的时间、地点、人物以及正在发生的事件等提示词。

- **时间：** a sunny day（一个晴朗的白天）
- **地点：** training ground（训练场上）
- **人物：** Mulan and the other soldiers（花木兰和其他士兵）、 have a nervous but determined expression on their faces（表情紧张但坚定）
- **事件：** watch a martial arts competition（观看武术比赛）、preparing for the final trial（准备进行最后的试炼）

根据“身后是一群身穿盔甲的训练有素的战士”这一句可以提炼出背景画面，即“in the background is a group of well-trained warriors wearing armor”。此外，也可以添加一些训练场的常见景象，如“arena”（擂台）和“flying sand and rolling stones”（飞沙走石）等来烘托环境氛围。

根据“摄像机拍摄……面部表情”这一描述可以判断该镜头是面部特写，可使用提示词“close-up shot”（特写镜头）和“face close-up”（面部特写）来描述。

3. 输出画面分镜

◆ 单幅分镜和连续分镜

图 8-8

根据上述解析，可以明确时间、地点、人物、事件、环境、镜头视角等相关描述，在此基础上，结合美术风格、参考源等相关设定，我们可以利用如下提示词生成分镜设计（图 8-8）。

提示词： a comic picture of Mulan, on a sunny day, at the training ground, Mulan and the other soldiers are watching a kongfu competition, preparing for the final trial. they have a nervous but determined expression on their faces, background is a group of well-trained warriors, wearing armor，the camera takes a close-up shot of their faces, in Chinese ink painting style, refer Xu Beihong, Zhang Daqian, in Chinese style, refer to Shanghai Animation Film Studio, 8K, HQ --ar 297:210 -- style cute

图 8-9

图 8-8 所示的案例中一幅图只呈现一个镜头，这种出图方式适用于一些对精细度要求较高的主场景或者静态场景，但是在漫画创作过程中，有些画面需要表现连续的动作，如果在 Midjourney 中逐一输出，效率不高且连续性较差，因此可以增加“story boards”（分镜）和“comicstoryboarding design”（漫画分镜设计）等提示词制作分镜效果（图 8-9）。

提示词： a comic picture of Mulan, story boards deign, on a sunny day, at the training ground, Mulan and the other soldiers are watching a kongfu competition, preparing for the final trial. they have a nervous but determined expression on their faces, background is a group of well-trained warriors, wearing armor, the camera takes a close-up shot of their faces, in Chinese ink painting style, refer to Xu Beihong, Zhang Daqian, in Chinese ink painting style, 8K, HQ --ar 297:210 --seed 2912214458

◆ “--style scenic”应用和影响

niji 模型中的“--style expressive”和“--style cute”会对漫画的人物风格产生影响，“--style scenic”也能影响漫画风格，但其主要作用体现在场景绘制中。“--style scenic”能使画面角色在画面中的权重变小，同时减轻人物轮廓线条的勾勒，突出整体场景，适用在渲染整体环境的分镜中。此外，“--style scenic”还能增添场景中的光影细节，营造氛围感（图 8-10）。

图 8-10

提示词： a comic character picture of Mulan, on a sunny day, at the training ground, Mulan and the other soldiers watch a martial arts competition, preparing for the final trial, they have a nervous but determined expression on their faces, and in the background is a group of well-trained warriors wearing armor, the camera takes a close-up shot of their faces, in Chinese ink painting style, refer to Xu Beihong, Zhang Daqian, in Chinese ink painting style, 8K, HQ --ar 1920:1080 --style scenic --seed 2912214458 --s 250 --niji 5

4. 后期处理润色

通过 Midjourney 输出分镜后，可对画面的一些细节进行修改和调整，赋予画面描述文字或人物对话，并排版组合在一起，形成连贯的画面和故事（图 8-11）。

图 8-11

8.4 其他应用案例

8.4.1 “二次元”风格

1. City POP 风格

City POP 是流行于 20 世纪 80 年代的一种视觉形式，突出强烈的色彩对比度，并充满了都市丽人、汽车、摩天大楼、霓虹灯等视觉元素。这种风格在近年来也备受欢迎，成为复古主义美学漫画的代表。在 Midjourney 中可以使用一些 City POP 风格的漫画代表作的名字，例如《猫眼三姐妹》《城市猎人》等，来体现该风格特征。图 8-12 和图 8-13 展示了相应的生成效果。

◆ **摩登都市漫画海报**

提示词： a comic story board design, japanese city pop style, a modern lady with wavy hair, wearing knee-high boots, riding a motorcycle through the neon lights of the city, showing a proud expression, using strong contrasting and bright colors, upward-looking view（画面描述可替换）, in the style of city pop, drawing inspiration from the style of manga such as “cat's Eye” “City Hunter” and others, 8K, HQ --ar 9:16 --niji 5

图 8-12

◆ **黄昏海滩镜头片段**

提示词： a comic picture in japanese city pop style, a modern lady with wavy hair, standing beside a twilight seaside road with a yellow convertible, wearing a red short jacket, using strong contrasting and bright colors, side view（画面描述可替换）, in the style of city pop, drawing inspiration from the style of manga such as "Cat's Eye" "City Hunter" and others, 8K, HQ --ar 16:9

图 8-13

2. 唯美风格

富有诗意、浪漫主义的漫画作品，在色调上温暖柔和、治愈，细节刻画精致，内容情节充满浪漫主义情怀和人生哲学，并且融入了一定的幻想元素。早期代表作有宫崎骏的《龙猫》《天空之城》等，近年来也有新海诚导演的《你的名字》《秒速五厘米》等作品。图 8-14 至图 8-17 展现了对应的生成效果。

◆ 乡间的猫场景片段

提示词： a comic story picture of aesthetic style, a quiet village, a small house cat is playing on the ridges, it joyfully chases a butterfly, in the style of Studio Ghibli, Hayao Miyazaki, drawing inspiration from the style of manga such as "My Neighbor Totoro" "Ponyo" and others, 8K, HQ --ar 297:210 --niji 5

图 8-14

◆ 草地上的少女分镜故事

提示词： a comic story picture of a girl wearing a yellow skirt and braided hair lies on her back in the grass, looking up at the sky, in bird's-eye view, in the style of Shinkai Makoto, drawing inspiration from the style of manga such as “Your Name”“The Garden of Words” and others, 8K, HQ --ar 297:210 --niji 5

图 8-15

提示词： a comic story picture of a butterfly flies over, in upward view, in the style of Shinkai Makoto, drawing inspiration from the style of manga such as “Your Name”“The Garden of Words” and others, 8K, HQ --ar 297:210 --seed 2923328943 --niji 5

提示词： a comic story picture, more and more butterflies flying from afar, above the grassland, in downward view, in the style of Shinkai Makoto, drawing inspiration from the style of manga such as “Your Name” “The Garden of Words” and others, 8K, HQ --ar 16:9 --niji 5

图 8-16

图 8-17

排版并添加文本，合成最终故事（图 8-18）。

图 8-18

8.4.2 3D 卡通风格

3D 卡通通常具有夸张的形象特征，角色个性鲜明、富有表现力。具有代表性的卡通漫画工作室有皮克斯动画工作室（Pixar Animation Studios）和梦工厂动画（DreamWorks Animation）等。图 8-19 至图 8-21 展示了相应的出图效果。

◆ 马戏团小熊多镜头绘制

提示词： comic story boards of a cute and silly white bear is performing acrobatics on stage, riding a unicycle and playing with a ball in its hands, bright color, upward view, in the style of Pixar Animation Studios and DreamWorks Animation, 8K, HQ --style expressive --ar 297:210 --niji 5

由于画面较多，每个画面都缺乏细节，因此我们可以截取其中的几个镜头进行重绘，再经过后期的处理和调整，使得画面更加清晰，并串联成连贯的动作分镜。

提示词： a comic picture of a cute and silly white bear is performing acrobatics on stage, riding a unicycle and playing with a ball in its hands, bright color, upward view, in the style of Pixar Animation Studios and DreamWorks Animation, 8K, HQ --style expressive --ar 297:210 --iw 2 --niji 5

图 8-19

图 8-20

◆ 秋千上的公主片段设计

提示词： comic story boards of a lovely princess is playing on a swing, with a garden background, and surrounded by birds, bright color, upward view, in the style of Pixar Animation Studios and DreamWorks Animation, 8K, HQ --style expressive --ar 297:210 --niji 5

图 8-21

8.4.3 英雄漫画风格

英雄漫画在北美市场比较流行，通常着重表现人物的力量感，描绘战斗和冲突的场景，并增加超自然、科幻等元素丰富剧情。漫威的《蜘蛛侠》和《复仇者联盟》，DC 的《蝙蝠侠》《神奇女侠》等都对英雄漫画的风格产生了深远的影响。图 8-22 和图 8-23 展示了相应的出图效果。

◆ **废土风格科幻场景设计**

提示词： comic picture of a wasteland scene, the sand was flying in the air, and the sunlight was obscured by the dust. In the distance of the desert, there was an elliptical base buried in the sand, long shot view, in the style of Marvel Comics, 8K, HQ --style scenic --ar 297:210 --niji 5

图 8-22

◆ **机甲战士角色图**

提示词： comic picture of future war, under the night sky, a warrior wearing a mech suit stands on a pile of city ruins, wielding a lightsaber, futuristic and cyberpunk, upward view, in the style of Marvel Comics and DC Comics, refer to Batman， Spiderman, 8K, HQ --ar 297:210 --seed 501022734

图 8-23

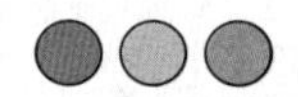

第9章 服装设计

服装设计是以人为中心，以衣料为素材，以环境为背景，以气质为主题，通过技术和艺术手法，将设计者的构思转化为服装成品的创造性活动。服装设计的内容涵盖了款式、面料、色彩、图案和工艺等，使服装不仅满足舒适性需求，更具备艺术价值和审美价值。

PREVIEW

9.1 服装设计基础知识

如今，服装设计行业面临市场需求不断变化、市场竞争日渐加剧、服装制造技术不断更新、环保要求更加严格等挑战。这些变化给设计师们带来了更大的压力，他们需要不断推陈出新，提出新的设计理念和创意，学习运用新技术，推出符合市场需求和流行趋势的方案，同时还要考虑成本的控制和环保的要求。

9.1.1 服装设计要素

服装设计的三大要素包括款式、材料和颜色。此外，图案、工艺、装饰、风格等要素也影响着设计倾向。

- **款式：**款式是指服装的廓形、结构和线条，影响服装的整体效果和结构造型，体现服装的气质特点。
- **材料：**材料是指服装所选用的面料、辅料等物料，对服装的质感、舒适性起到重要作用。不同材料能够给服装带来独特的视觉效果和穿着体验。
- **颜色：**颜色是指服装所使用的色彩搭配，能够表达不同的情绪和心理感受，同时也体现服装的主题风格。
- **图案：**图案可以增强服装的视觉效果，不同的图案也能传达不同的情绪，以此赋予服装更多意义。
- **工艺：**工艺是指服装的制作方式，能为服装增加丰富的细节和纹理，刺绣、压褶、印染等都是具有代表性的工艺，这些工艺带给服装不同的质感，同时也提升了服装的品质和价值。
- **装饰：**装饰可以让服装具有丰富的层次感和细节，例如蕾丝、荷叶边等，能够带来更加精致的视觉感受。
- **风格：**风格体现服装的个性特点，也承载着设计师的创意，不同的风格可以表达不同的个性特征，例如简约风格体现简洁、干练，复古风格体现浪漫情怀。

在传统服装设计工作中，设计师需要考虑多方面的设计要素，最终拿出和谐统一的设计方案。Midjourney 则能够帮助设计师考量各方面设计的合理性，对于设计方案的产出具有重大意义。利用 Midjourney，设计师可以创造更多素材并找到合适的款式和色彩搭配方案，也可以运用提示词快速调整材料、图案、工艺、装饰效果，此外还可以产出更多个性化风格满足消费者的喜好。

9.1.2 服装设计师怎样用好 AI 工具

Midjourney 将有效减轻服装设计师的工作压力、优化设计流程，主要表现在以下几点。

- **提高设计效率：** 实现自动化设计和快速生成多种设计方案，大大提高了设计效率，减少了方案表达的时间，让设计师有更多时间专注于创意实现和完善。
- **降低设计成本：** 通过 Midjourney 输出创意稿、设计稿、效果图，能够有效减少因为方案修改造成的成本和时间浪费，同时也可以避免物料浪费。
- **拓展创意边界：** 在 Midjourney 中，可以运用特定的提示词生成几乎无限的创意，能够帮助设计师发散思维，发现有意思的点子。

总之，通过 Midjourney 产出服装设计，能够帮助设计师更快速、更准确地实现自己的创意并且节约时间和成本，提高设计品质和效率。因此，Midjourney 在服装设计领域的应用前景无限，将会为每一位设计师带来更多契机。

9.2 Midjourney 在服装设计中的应用

9.2.1 提示词公式

在利用 Midjourney 设计某一品类服装时，要考虑款式、材料、颜色、图案、工艺、装饰以及设计风格等服装设计相关的提示词。此外，如果需要制作视觉上更加真实丰富的方案效果图，则还要考虑背景环境、镜头视角、参考源等因素。综上所述，我们可以得到“主体 + 背景环境 + 参数”的提示词架构（图 9-1）。

图 9-1

9.2.2 服装设计应用解析

1. 主体

◆ **品类**

品类即服装服饰的设计定位，从中可以提炼出人群、季节、功能等提示词。这次我们以“女士夏季出游穿搭”作为解析案例，通过合适的描述语句生成具有清新感和时尚感的设计方案。

◆ 风格

服装风格千变万化，但是风格类的提示词可以总结成两类，一类是风格流派，另一类是情感倾向。风格流派代表了不同的文化背景、审美观念和时尚趋势，它们往往具有地域属性和文化属性，比如近年流行的法式复古风、日韩风、街头嘻哈风、学院风，等等，在这里我们选择“法式复古”风格作为案例，提炼出提示词“French vintage style”。情感倾向是服装所传达的形象、情绪、精神面貌，这类提示词往往以形容词的形式呈现，在此案例中我们选用了“minimalist”和“delicate”，进一步丰富服装的形象。

◆ 款式

服装款式包含领型、袖型、版型等要素，由于我们的定位是夏季女士服装，并且具有法式复古的特征，因此我们在领型上选择“shirt collar”（衬衫领），在袖型上选择“sleeveless”（无袖），在版型上选择“fitted maxi dress”（修身长裙）作为对款式的描述。

◆ 材料

服装材料可以从材料种类和材料质感两方面进行描述。材料种类包含常见的棉、麻、羊毛等自然材料，以及聚酯纤维、尼龙、丙纶等人造材料，也包含特殊的皮革、毛皮、绸缎等高档材料。此外，随着服装艺术和科技的创新发展，许多新型材料也层出不穷，比如具有科技感的发光材料、3D 打印材料等。材料质感则主要是指材料带来的触感或视觉感受，在描述过程中，通常以形容词的形式呈现。在本案例中，我们选择比较常规的棉麻材料，即“cotton-linen material”，此外，在质感上采用“lightweight”（轻薄的）来体现夏季服装质感。

◆ 工艺

工艺包含剪裁工艺、面料工艺和装饰工艺，在案例中我们主要采用“pleating technique”（压褶）这种特殊的剪裁工艺，以营造复古连衣裙的质感。

◆ 颜色

在颜色上，我们选择绿色，除了描述配色相关的提示词，还可以根据需要增加色调类的词汇，以体现色彩的风格倾向，比如“cool / warm tone”和“light / dark color”。

◆ 图案

图案可以作为服装的一大卖点，一些服装有专门的纹样设计或图案工艺设计。我们可以使用 Midjourney 单独生成精美的视觉纹样，但是在本案例中我们主要从服装整体的设计着手，采用简洁的条纹纹样作为示意。

◆ 装饰

装饰的选择能够进一步凸显服装的风格调性，我们在示例中融入“花边”装饰来突出“温柔”“复古”的设计效果。

根据上述提示词解析，我们可以获得服装设计方案图。如果需要表现服装的真实质感和穿着效果，则需要融入“模特”方面的描述，可以以“人物 +wears a + 服装描述”的形式开头，使服装与人物、环境结合起来。以下是我们给出的提示词和出图效果（图 9-2）。

提示词：a young lady wears a dress, design in minimalist and delicate French vintage style, the dress is a sleeveless with shirt collar and fitted maxi dress, made of cotton-linen material, pleating technique, and in a green color, decorated with a few stripes, and a few lace details, 8K, HQ

图 9-2

我们在案例中主要使用模特图进行讲解，实际上，服装设计效果图有多种形式，除了模特图之外还包括手绘草图、3D 效果图，将描述模特的提示词改成“sketch”（草图）或“rendering”（效果图）可以获得相应的手绘效果或电脑制图效果。

2. 背景环境

在制作服装效果图的时候通常要考虑展示背景和环境，在 Midjourney 中，设计师可以设定合适的背景图，使得设计方案看上去有摄影写真的效果，简化了后期图像处理的步骤。在以下案例中，我们采用“in a + 名词 / 形容词 + background”的句式，添加了背景提示词，并更换了多种背景进行尝试，出图效果如图 9-3 所示。

提示词：a young lady wears a dress, design in minimalist and delicate French vintage style, the dress is a sleeveless with shirt collar and fitted maxi dress, made of cotton-linen material, pleating technique, and in a green color, decorated with a few stripes, and a few lace details, in a train station/living room/garden/street background, 8K，HQ --seed 1354268795

train station

living room

garden

street

图 9-3

3. 参数

◆ 镜头视角

使用合适的镜头视角能够使服装的细节更全面地展现出来，使设计方案被清晰地理解。服装展示常用的视角包括“front view”（前视）、“rear view”（后视）和“side view（侧视）”，用于从不同方位展示设计（图 9-4）。

提示词： a young lady wears a dress, design in minimalist and delicate French vintage style, the dress is a sleeveless with shirt collar and fitted maxi dress, made of cotton-linen material, pleating technique, and in a green color, decorated with a few stripes, and a few lace details, in a light clean background, in front/side/rear view, 8K, HQ --seed 1354268795

front view

side view

rear view

图 9-4

此外，还可以使用拍摄镜头相关的提示词，例如“full-body shot”（全身像）可以展示全身效果，而“knee shot”（膝部以上镜头）和“waist shot”（腰部以上镜头）则可用于展示上半身。如果需要着重展示某一部分的细节，则可以使用“名词 +close-up”（特写镜头）加以突出，出图效果如图 9-5 所示。

提示词： a young lady wears a dress, design in minimalist and delicate French vintage style, the dress is a sleeveless with shirt collar and fitted maxi dress, made of cotton-linen material, pleating technique, and in a green color, decorated with a few stripes, and a few lace details, in a light clean background, in front view, full-body/waist/chest shot, 8K, HQ --seed 1354268795

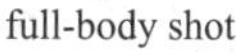
full-body shot

waist shot

chest shot

图 9-5

特写镜头提示词的出图效果如图 9-6 所示。

提示词： a young lady wears a dress, design in minimalist and delicate French vintage style, the dress is a sleeveless with shirt collar and fitted maxi dress, made of cotton-linen material, pleating technique, and in a green color, decorated with a few stripes, and a few lace details, in a light clean background， side view, sleeve close-up detail shot, 8K， HQ --seed 1354268795

图 9-6

◆ 灯光

灯光能为服装效果图增添别样的效果，在服装效果图制作中融入灯光提示词可以突出服装的轮廓和质感，使其更加立体。灯光效果包括打光方式、灯光色调和灯光强度，我们可以选择不同的灯光类提示词来营造服装的不同特点和风格。

打光方式能够映衬出服装的材质、造型和风格，例如“rembrandt lighting”（伦勃朗式布光）能够营造神秘、庄重的氛围，适合古典风格的服装；“side lighting”（侧向光）和“rim lighting”（轮廓光）能够突出服装的造型线条，增加立体感和层次感；“flat lighting”（平面光）比较凸显时尚靓丽，适用于日常穿搭展示和电商广告。以下是不同打光方式的应用效果（图 9-7）。

提示词：a young lady wears a dress, design in minimalist and delicate French vintage style, the dress is a sleeveless with shirt collar and fitted maxi dress, made of cotton-linen material, pleating technique, and in a green color, decorated with a few stripes, and a few lace details, in a light clean background, in front view, rembrandt lighting/rim lighting/flat lighting, 8K，HQ

rembrandt lighting

rim lighting

flat lighting

图 9-7

不同的灯光色调和强度可以影响服装的调性和质感。例如“warm lighting”（暖光）可以突出服装的温暖感和柔和感，而“cool lighting”（冷光）可以突出服装的清爽感和冷静感；“hard lighting”（硬光）可以产生强烈的阴影和明暗对比，突出服装的立体感和轮廓线，而“soft lighting”（柔光）则可以产生柔和的光晕效果，体现柔软舒适的质感（图 9-8）。描述语句如下。

提示词：a young lady wears a dress, design in minimalist and delicate French vintage style, the dress is a sleeveless with shirt collar and fitted maxi dress, made of cotton-linen material, pleating technique, and in a green color, decorated with a few stripes, and a few lace details, in a light clean background，front view, warm lighting/ cool lighting/ hard lighting/ soft lighting, 8K，HQ

warm lighting

cool lighting

hard lighting

soft lighting

图 9-8

◆ 参考源

设计师通常会参考当前的时尚趋势来设计服装，在 Midjourney 中也可以利用与灵感来源有关的提示词，从而生成类似风格的效果图。常用的参考源可以是设计师名字、品牌名以及时尚杂志或网站名字。通过增加此类提示词可以生成具有相似风格的创意图，丰富设计师的灵感库。

◆ 细节参数和质量参数

细节参数和质量参数主要用于改善视觉效果，使得效果图更加精致。我们可以通过在描述语句中加入一些形容词组合来进一步强调细节，比如使用“delicate details”（精致的细节）、“graceful and clear lines”（优美清晰的线条）、“luxurious fabrics”（豪华面料）、“delicate touch”（细腻触感）、“delicate shading”（细腻的阴影处理）等词汇来描述细节，从而提高设计质量和精度。

◆ 比例

合适的画幅比例能使设计方案更好地展示出来。通常在展示上半身服装或一些细节装饰时可以使用“--ar 1:1”画幅，使画面聚焦于局部；如果要展示全身着装，则可以采用“--ar 4:5”等竖向画幅。

4. 参数调节

◆ seed 值

seed 值能保证输出图像的稳定性，在 seed 值的基础上对一些细节性的提示词进行调整，能够保证基本的构图和主体事物不改变。在服装效果图的制作中，我们可以利用 seed 值改变服装配色、背景图、镜头视角、光线以及其他细节，使效果图达到更好的效果。下面的例子，我们选择了 seed 值为 1354268795 的一组效果图，对其中的服装配色进行了调整（图 9-9）。

提示词： a young lady wears a dress, design in minimalist and delicate French vintage style, the dress is a sleeveless with shirt collar and fitted maxi dress, made of cotton-linen material, pleating technique, and in a green color, decorated with a few stripes, and a few lace details, in a light clean background, in chest close-up, delicate details, 8K,HQ

修改后的描述语句如下，出图效果如图 9-10 所示。

提示词： a young lady wears a dress, design in minimalist and delicate French vintage style, the dress is a sleeveless with shirt collar and fitted maxi dress, made of cotton-linen material, pleating technique, and in a light brown color, decorated with a few stripes , and a few lace details, in a light clean background, in chest close-up, delicate details 8K, HQ --seed 1354268795

图 9-9

图 9-10

◆ 垫图 +iw 值

在 Midjourney 中，通过垫图可以生成更多类似的图片，进而实现以图生图。服装设计师也可以利用这一功能，将草图或参考图作为垫图，生成类似风格的服装设计图，同时可以通过调节 iw 值来控制输出图像和垫图的相似度，从而获得更加符合自己需求的效果。此外，“图生图”功能在服装设计中还有其他的应用方式，以下是一个利用服装照片（图 9-11）作为垫图而生成的效果图（图 9-12）的案例。

提示词： a young lady wears a dress, design in minimalist and delicate French vintage style, the dress is a sleeveless with shirt collar and fitted maxi dress, made of cotton-linen material, pleating technique, and in a green color, decorated with a few stripes, and a few lace details, in a light clean background, in front view, waist shot, Side lighting, graceful and clear lines, delicate details, 8K, HQ --iw 2

图 9-11

图 9-12

◆ “::+ 数值”

在提示词后面添加“::+ 数值”可以表示该提示词的权重，数值越大，权重越大。在服装设计中可以使用这一参数来调节不同提示词之间的权重，例如在使用多种面料的设计中，利用“::+ 数值”来调整不同颜色或材料的占比。以下案例展示了增加“lace”（蕾丝）面料权重前后的效果对比（图 9-13 和图 9-14）。

增加“lace”权重前的语句如下。

提示词： a young lady wears a dress, design in minimalist and delicate French vintage style, the dress is a sleeveless with shirt collar and fitted maxi dress, made of cotton-linen material and Lace fabric, pleating technique, and in a green color, decorated with a few stripes , and a few lace details, in a light clean background, in front view, waist shot, side lighting, graceful and clear lines, delicate details, 8K, HQ --seed 1354268795 --q 2 --v 5 --s 250

增加“lace”权重后的语句如下。

提示词： a young lady wears a dress, design in minimalist and delicate French vintage style, the dress is a sleeveless with shirt collar and fitted maxi dress, made of cotton-linen material and Lace::2 fabric, pleating technique, and in a green color, decorated with a few stripes , and a few lace details, in a light clean background, in front view, waist shot, Side lighting, graceful and clear lines, delicate details, 8K, HQ --seed 1354268795 --q 2 --v 5 --s 250

图 9-13

图 9-14

9.2.3 服装设计案例实战

1. 服装图案贴图设计

◆ 设计无缝衔接贴图

在描述语句的末尾加上参数“--tile”能够生成无缝衔接的贴图，我们可以加入 tile 值来生成衬衫纹样素材（图 9-15）。

提示词：an image of repeating oranges on a blue background, in the style of cartoon, flat sketch, delicate, simple design, 8K, HQ

图 9-15

◆ 设计连帽外套款式图

通过提示词构建一件无纹样纯色风衣的设计，并增加灯光、拍摄角度相关的提示词，生成效果如图 9-16 所示。

提示词：a teenager wears a blue casual coat with orange hood, on a clean solid background, in casual style, flat lighting, in front view, in full- length shot, delicate details, 8K, HQ seed 1803776533 --ar 2100:2970

图 9-16

◆ 图片合成

将前两步生成的贴图与款式图在 Photoshop 软件中加工处理，调整色彩混合模式等参数，直到达到满意的设计效果（图 9-17）。

图 9-17

2. 刺绣图案牛仔外套多视角效果图

◆ 设计刺绣图案

使用提示词"embroidery pattern"（刺绣图案）生成具有刺绣效果的素材，可以分别制作干净纯色背景的主视觉图案（图 9-18）和装饰图案（图 9-19）备用。

提示词： a embroidery pattern of a tiger and roses, on a light colored and clean background, using embroidery craftmanship, with a realistic style and vivid details, 8K, HQ

图 9-18

提示词： an embroidery pattern of rose vine decorative element, on a light colored and clean background, using embroidery craftmanship, with a realistic style and vivid details, 8K, HQ, --ar 24:9

图 9-19

◆ 设计牛仔外套款式图

根据效果图的需要，利用同一个 seed 值制作不同视角的服装展示图（图 9-20）。

提示词：a young girl wearing a casual denim jacket, a short jacket made of soft light blue denim fabric, with a soft furry collar design, in casual style, on a light colored solid background, flat lighting, in front/right/back view, bust, delicate details, 8K, HQ --seed 2080107085

front view

side view

back view

图 9-20

◆ 图片合成

在 Photoshop 中将主图和装饰图去除背景，修整细节后，将其贴到服装造型图中，并调节色彩参数和混合模式，使贴图更好地融入背景，最后输出效果图（图 9-21）。

图 9-21

3. 服装概念参考图设计案例

图 9-22 至图 9-26 展示了一些经过精心调整的服装设计案例，可供大家参考。

◆ 中国山水主题服装设计（裙装）

提示词：a long dress design inspired by Chinese ink painting, a female model wearing a flowing and lightweight long dress with lotus sleeves and v-neck, the dress is made of silk and chiffon materials, and features a gradient ink painting pattern, the background is a black and white Chinese landscape painting, with a three-dimensional lighting, full body shot, 8K, HQ --ar 210:297

图 9-22

◆ 花卉主题概念服装设计

提示词：a floral-inspired skirt design, a young female model wearing a purple water lily-shaped（可替换不同花卉名称） skirt with petals and stamen, in luminous material, futuristic and dreamy style, in a fashion show background, three-dimensional lighting, side view, upward view, 8K, HQ --ar 210:297 --s 250 --v 5.2

图 9-23

◆ 日常穿搭设计

提示词： a candy-colored down jacket set design inspired with pop style, a young female model wearing a fluorescent mint green and pink short down jacket, fashionable, trendy, with solid and bright background, with a three-dimensional lighting, full body shot, 8K, HQ --ar 210:297

图 9-24

◆ 复古朋克风格牛仔外套

提示词： a patchwork style short jacket design, a young female model wearing a short jacket with newspaper text collage pattern, in denim materials, vintage color scheme, and in pop and punk style, in a street background with motorcycle, three-dimensional lighting, side view, upward view, 8K, HQ --ar 210:297

图 9-25

◆ 波点风格西装

提示词：a polka dot suit design, a young male model wearing a blazer with polka dot pattern, in the style of yayoi kusama, and in a bright color background, three-dimensional lighting, side view, upward view, 8K, HQ --ar 210:297

图 9-26

POSTS & TELECOM PRESS
赠阅
人民邮电出版社